Colonia Romanica

XXXVI

Colonia Romanica

XXXVI

Jahrbuch des Fördervereins Romanische Kirchen Köln e. V.

J.P. BACHEM VERLAG

ERKENS
WASCHE
STRÜMPFE

Colonia Romanica XXXVI

Abb. Seite 2: Köln, St. Aposteln, Ostansicht, Johann Peter Weyer, 1827. KSM, Graphische Sammlung, AI 3/41a (Foto: RBA Köln, rba_c000202)

Abb. Seite 4: Köln, St. Aposteln, Ostansicht, 1930er-Jahre. KSM, Graphische Sammlung, 1986/354-11 (Foto: RBA Köln, Karl-Hugo Schmölz)

Abb. Seite 8: Christuskind, 1470–1480, zugehörig zur hl. Barbara, ehem. Maria. Köln, St. Aposteln (Foto: Christoph Kraneburg, Köln)

Vorwort

Senator E.h. Helmut Haumann
Vorsitzender

Dr. Thomas Werner
Vorstand

Ein Jubiläum zum 1000-jährigen Bestehen eines Bauwerks – wann gibt es das schon einmal zu feiern? So fragte der leitende Pfarrer der Kölner Innenstadt, Dr. Dominik Meiering, in einer Publikation des letzten Jahres. Er zögerte nicht lange und organisierte zum Jubiläum 2021 mit seinem Team rund um St. Aposteln Veranstaltungen, Konzerte, Lesungen, eine Vortragsreihe und vieles andere mehr.

Dass das Jahrbuch des Fördervereins Romanische Kirchen Köln e. V. auf die Weihedaten der großen romanischen Kirchen in der Metropole am Rhein schaut, hat Tradition. Bereits 2017 konnten wir aus Anlass von 950 Jahren St. Georg einen Band mit neuen Erkenntnissen zu Archäologie, Bau und Ausstattung der Georgskirche herausgeben, denn solche Jubiläen spornen die Forscher an, sich mit dem ein oder anderen Aspekt noch einmal oder auch ganz neu zu beschäftigen.

Wussten Sie, dass das ehemals luxuriöse Stadtviertel im Westen des antiken Kölns in der nachrömischen Zeit bis zur Gründung der ersten Apostelkirche Brachland war? Oder dass die in den Jahrzehnten um 1200 umgebaute Kirche des 11. Jahrhunderts als Vorbild diente für Kirchenbauten in Bremen und Magdeburg? Sie dürfen sich auf die Beantwortung der Fragen freuen, wo die Apostelskulpturen möglicherweise gestanden haben und ob die Figuren der vierzehn Nothelfer wirklich immer ein einheitliches Ensemble gebildet haben. Vor Ihren lesenden Augen verwandelt sich dabei die Gottesmutter Maria in die hl. Barbara … Sie erfahren etwas über den Werdegang des Künstlers Hermann Gottfried sowie über die Diskussion um seine Ausmalung des Trikonchos und nicht zuletzt wird anschaulich, dass das Stift St. Aposteln ein Wirtschaftsbetrieb war.

So haben also unsere Autoren und Autorinnen wieder einmal tief in die Forscherkiste gegriffen und spannende Erkenntnisse bereitgestellt. Dafür möchten wir uns sehr herzlich bedanken. Die Redaktion der Colonia Romanica hat wie immer souverän unser Jahrbuch begleitet. Bei allen Hauptakteurinnen und -akteuren sei mit Nachdruck auf deren ehrenamtliches Engagement hingewiesen, dem besondere Anerkennung gezollt wird. Neue Fotografien wurden wiederum durch unsere Freunde und Förderer finanziell möglich gemacht – auch ihnen gebührt unser Dank. Nicht zuletzt Lektorat, Grafik und Verlag haben – im Verbund mit allen Genannten – diesen Band wieder einmal besonders lesenswert gemacht.

Wir wünschen Ihnen viel Vergnügen bei dieser interessanten Lektüre!

Colonia Romanica
XXXVI

Brachland um St. Aposteln?

Die städtebauliche Entwicklung von der Antike bis zum Mittelalter

Thomas Höltken

Ein archäologisches Resümee der Stadtentwicklung um die heutige Apostelnkirche im 1. Jahrtausend n. Chr. ist kein einfaches Unterfangen. Über 200 Fundstellen sind in einem Radius von rund 250 m um den romanischen Bau im Archiv des Römisch-Germanischen Museums verzeichnet, jedoch nur ein geringer Prozentsatz der Funde ist bislang archäologisch vollständig ausgewertet. Die ältesten Beobachtungen stammen aus der Mitte des 19. Jahrhunderts. Die folgende Übersicht kann demnach nur schlaglichtartig die groben Entwicklungen – allerdings gespickt mit Highlights dortiger Bodenfunde – darstellen.

Dass die Lage der Apostelnkirche städtebaulich eng mit der Topografie der römischen Stadt verknüpft ist (Abb. 1), wurde bereits in der Frühzeit der Kölner Stadtarchäologie ausführlich thematisiert.[1] Die antike Siedlung wurde um 7 v. Chr. als Standort der obersten Militärverwaltung sowie als designierte Hauptstadt der geplanten Provinz Germanien gegründet. Nach der Erhebung zu einer Stadt römischen Rechts mit Namen Colonia Claudia Ara Agrippinensium (CCAA) im Jahr 50 n. Chr. wurde sie am Ende des 1. Jahrhunderts Hauptstadt der Provinz Niedergermanien („Germania Inferior“).[2] Ihre Stadtmauer

Abb. 1: Köln, St. Aposteln, Ostansicht mit der zu Beginn des 19. Jh. noch erhaltenen römischen Stadtmauer, 1810. KSM, Graphische Sammlung, HM 1904/199 (Foto: RBA Köln, rba_165662)

umschloss ein Gebiet von rund 97 ha (Abb. 2). Die Stadt war durch ein planmäßiges Straßensystem gegliedert und in Siedlungsblöcke („insulae") aufgeteilt. Die Hauptverkehrsachsen bildeten der „cardo maximus" in Nord-Süd-Richtung und der „cardo decumanus" in Ost-West-Richtung. Beide Achsen, die heutige Hohe Straße und die Schildergasse, zählen zu den Herzstücken der Innenstadt.

Luxuriöse Wohngebiete, Gewerbe- und Grabbezirk im Westen der Colonia

Die Ostfront der CCAA bildete eine imposante Schauseite: Hier lagen Heiligtümer wie der Kapitolstempel sowie der Palast des Statthalters („Praetorium"). Am Schnittpunkt der beiden Hauptstraßen befand sich das unter Kaiser Augustus (30/27 v. Chr.–14 n. Chr.) errichtete Zentralheiligtum, die „Ara Ubiorum" (Altar der Ubier) sowie das Forum. Abgesehen von der großen Thermenanlage (unter St. Cäcilien und St. Peter) gibt es nur wenige Hinweise auf größere öffentliche Bauten im Westteil der Stadt.

Die heutige Apostelnkirche befindet sich unmittelbar westlich der antiken Stadtmauer. Das hier zu betrachtende Umfeld mit den Fundstellen umfasst eine innerhalb der Stadtmauer („intra muros") gelegene Ost- und eine außerhalb („extra muros") gelegene West-Zone (Abb. 3). Die römische Stadtmauer besaß eine Länge von rund 3,9 km. Das unregelmäßige Viereck – mit 19 Rundtürmen und mindestens 11 Toren – folgte den Konturen der hochwasserfreien Anhöhe des Stadtgebietes. Die Mauer stand auf einem bis zu

Abb. 2 (vorherige Doppelseite): Köln im 2. Jh. n. Chr. (Digitale Rekonstruktion: Colonia 3D/RGM Köln)

Abb. 3: Köln, St. Aposteln, Lage und Umfeld (roter Kreis) in der römischen Stadt (Plan: Thomas Höltken, RGM Köln)

Abb. 4 (rechte Seite): Köln, St. Aposteln, Nordostansicht mit Heribertspforte über der Straßenbeleuchtung (Foto: Dorothea Heiermann, Köln)

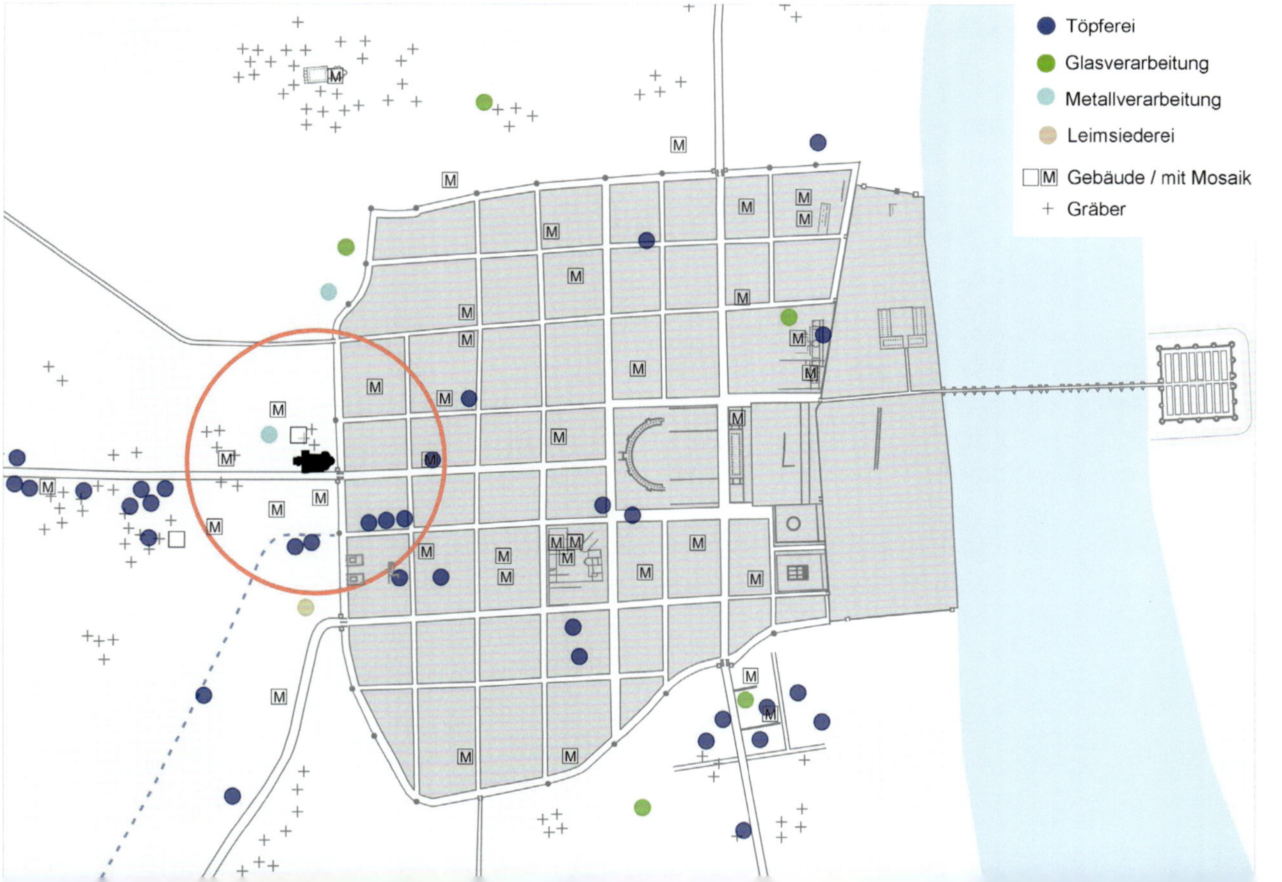

4,5 m tiefen Fundament und war rund 8 m hoch. Die Anlage wurde am Ende des 1. Jahrhunderts erbaut, wahrscheinlich anlässlich der Erhebung der CCAA zur Hauptstadt der neu gegründeten Provinz Niedergermanien unter Kaiser Domitian (81–96 n. Chr.).

Reste des Bauwerks sind in der Kölner Innenstadt auf einer Länge von fast 700 m ober- und unterirdisch erhalten. In unserem Betrachtungsraum sind sie beispielsweise nördlich der Apostelnkirche im Keller des Hauses Breitestraße 126 (Konditorei Fromme) sichtbar sowie südlich in der Clemensstraße, wo die modernen Häuseraußenwände auf Sockelresten der Stadtmauer sitzen.[3] Weitere Mauerabschnitte befinden sich in zahlreichen Kellern von Häusern in der Sankt-Apern-Straße und der Straße Am Römerturm sowie auf Grundstücken am Mauritiussteinweg.

Die Mauerkrone bzw. der Wehrgang der Stadtmauer ist an keiner Stelle erhalten. Jedoch gibt eine zugemauerte Tür in der Ostapsis der Apostelnkirche (die sogenannte Heribertspforte, Abb. 4) einen Hinweis.[4] Die Pforte liegt in einer Höhe von 7,8 m und führte ursprünglich auf den Laufgang der im 12. Jahrhundert hier noch erhaltenen römischen Stadtmauer, deren letzte Reste 1835 abgerissen wurden.[5] An das antike Westtor – mit Torhaus, drei Durchgängen und zwei Türmen – erinnern Markierungen im heutigen Pflaster vor dem Ostchor der Apostelnkirche.[6]

Die archäologischen Untersuchungen am Westrand der römischen Innenstadt weisen auf eine Wohn- und Gewerbenutzung. Einige Beispiele seien hier angeführt:

An der Ecke Lungengasse/Thieboldsgasse wurden 1956 zwölf römische Töpferöfen aus dem frühen 1. Jahrhundert n. Chr. untersucht, die eine frühe Manufaktur städtischer Keramikproduktion belegen.[7] 1978 wurden bei Ausgrabungen in der Gertrudenstraße Reste römischer Privatgebäude freigelegt. Hierzu gehören Mauer- sowie Estrichfunde einer mehrphasigen Bebauung. Das Haus besaß einen säulenumstandenen Innenhof mit Wasserbecken („Peristyl“).

Reste von Fußbodenheizungen sowie gut erhaltene Wandmalereien lassen auf einen gehobenen Wohnstil schließen (Abb. 5–6 und auch Abb. 17).[8] Nachweise von Gebäuden mit ähnlich luxuriöser Ausstattung stammen von der Ecke Wolfsstraße/Richmodstraße[9] und dem Neumarkt[10]. Besonders hervorzuheben ist das römische Haus mit dem bekannten Gladiatorenmosaik an der Lungengasse, welches 1885 aufgedeckt wurde (Abb. 7).[11]

Auch wenn eine umfassende Sichtung und Auswertung der archäologischen Quellen im Westteil der CCAA noch ausstehen, deutet sich an, dass das Areal am Westrand der Stadtmauer zeitweise (in der mittleren und späten Kaiserzeit) eine gehobene, z. T. luxuriöse Wohnbebauung aufwies.[12]

Abb. 5 (linke Seite): Ausgrabung eines römischen Peristylhauses, 1978/79. Köln, Gertrudenstraße (Foto: RGM Köln)

Abb. 6: Wandmalerei mit Darstellung des Weingotts Dionysos, Ende 1. Jh. n. Chr. Köln, Gertrudenstraße (Foto: RBA Köln, rba_c007179)

Bei Mauerresten, die 1962 bei der Anlage einer Tiefgarage zwischen Clemensstraße, Lungengasse, Baumstraße und Spinnmühlengasse freigelegt wurden, handelt es sich um zwei langrechteckige Grundrisse, die möglicherweise zu gallo-römischen Umgangstempeln einheimischer Gottheiten gehören.[13] Rund 50 m weiter östlich – an der Ecke Lungengasse/Thieboldsgasse – wurden 1998 vergleichbare Fundamente untersucht. Größe und Bauqualität lassen auf einen Monumentalbau schließen, bei dem es sich um einen weiteren Tempel handeln könnte.[14]

Der „cardo decumanus“ der Stadt mündete hinter dem Westtor in die römische Staatsstraße Köln–Jülich–Tongeren–Boulogne-sur-Mer („Via Belgica“[15]), die unter der heutigen Aachener Straße liegt. Der Straßenkörper wurde mehrfach durch Ausgrabungen erfasst.[16] Besonders aufschlussreich waren Untersuchungen am Ausgangspunkt der Straße, die 2009 im Rahmen des Umbaus des ehemaligen Amerika Hauses (heute Geschäftsstelle der Fritz Thyssen-Stiftung)

stattfanden.[17] In der Baugrube – etwa 160 m vor dem antiken Westtor gelegen – wurde ein fast 25 m langer Querschnitt durch die Straße angelegt.[18] Der gewölbte Straßendamm bestand aus mehreren Kiesschichten und war bis zu 9 m breit. Auf beiden Seiten des Damms lagen 4–8 m breite Sandbahnen, an die sich jeweils ein Entwässerungsgraben anschloss. Die Gesamtbreite der Anlage betrug 24–26 m.[19] Die Straße dürfte bereits in den letzten beiden Jahrzehnten v. Chr. angelegt worden sein und wurde nachweislich mehrfach erneuert und ausgebaut. Am Ende des 1. Jahrhunderts verbreiterte man die Straße; sie war von Gehsteigen und Laubengängen der angrenzenden Wohnbebauung gesäumt.

Der antike Siedlungsbereich erstreckte sich über das Westtor hinaus. Wie im Süden und Norden der Stadt lag auch hier eine Vorstadtsiedlung („suburbium"). Seit der zweiten Hälfte des 1. Jahrhunderts entstanden Privatgebäude und gewerbliche Betriebe. Zwischen der westlichen Stadtmauer und der heutigen Brüsseler Straße befand sich im 1. und 2. Jahrhundert ein ausgedehnter Töpfereibezirk.[20] Ein weiterer Betrieb war an der Südwest-Ecke Marsilstein/Mauritiussteinweg, rund 120 m südlich der Apostelnkirche, tätig.[21] Daneben sind im westlichen Suburbium Reste zweier Bronzegießereien belegt, deren Produktpalette und Datierung aber weitgehend unbekannt sind.[22] Auch eine Leimsiederei, in der Tierknochen verarbeitet wurden,

Abb. 7 (linke Seite): Römischer Mosaikfußboden mit Einzug der Gladiatoren, 2.–3. Jh. n. Chr. Köln, Lungengasse (Foto: Bildarchiv Foto Marburg, fmc1571078, Helga Schmidt-Glassner)

Abb. 8: Römische Agrippastraße (heute Luxemburger Straße) mit Gräbern des westlichen Gräberfeldes, 2. Jh. n. Chr. (Digitale Rekonstruktion: Colonia 3D/RGM Köln)

ist belegt.[23] Archäologische Nachweise der in Köln so bedeutenden Glasverarbeitung sind bislang im westlichen Suburbium selten. Zu nennen ist eine Glaswerkstatt des 2. Jahrhunderts an der Sankt-Apern-Straße/Helenenstraße.[24]

Um 200 n. Chr. wurden die handwerklichen Betriebe im westlichen Suburbium eingestellt. Dabei sind die Gründe – ob z. B. durch kriegerische Ereignisse oder durch Umstrukturierung der Absatzmärkte – ungeklärt.[25] Lediglich im unmittelbaren Vorfeld des Westtores sind weiterhin Bauaktivitäten nachgewiesen. Mosaikfunde an der Großen Brinkgasse[26], am Apostelnkloster[27] und der Benesisstraße[28] lassen auf römische Vorstadtvillen und Straßenstationen/Herbergen („mansiones") schließen. Allein fünf Gebäude mit luxuriösen Mosaikböden wurden im Umfeld der Apostelnkirche archäologisch aufgedeckt.[29] In der Spätantike wurde das Gelände schließlich aufgelassen.

Das Gelände vor dem Stadttor wurde zugleich als städtische Nekropole genutzt (Abb. 8). Die römische Staatsstraße war auf eine Länge von ca. 2 km von Grabbauten, ummauerten Grabbezirken (Grabgärten), Grabaltären und Grabstelen gesäumt.[30] Die Gestaltung und Lage der Gräber war vom Vermögen der Familie abhängig. Repräsentative Anlagen – geschmückt mit Statuen, Reliefs und Inschriften – lagen oft nahe an der Straße und erinnerten die Passanten an Namen, Herkunft und Karriere der prominenten Toten. Der Friedhof wurde vom zweiten Viertel des 1. Jahrhunderts bis ins 4. Jahrhundert hinein genutzt – teils auf weit auseinanderliegenden Arealen.[31] Die Belegung des stadtnahen Friedhofsgeländes um St. Aposteln scheint – im Vergleich zum weiter westlich gelegen Abschnitt entlang der Aachener Straße – verhältnismäßig locker gewesen zu sein.[32] Einige Gräber, wie ein Frauengrab am Apostelnkloster 25 mit zahlreichen Glas- und Keramikgefäßen, silbernem Schmuck, einem Spiegel(?)griff aus Elfenbein mit Goldblech sowie Sarkophage an der Benesisstraße, aus denen zwei äußerst kostbare Diatretgläser (Abb. 9) geborgen wurden,[33] gehören wahrscheinlich zu vornehmen Villenbesitzern, die sich am Rand ihrer Güter beisetzen ließen. Die aufgefundenen Grabinschriften legen nahe, dass sich auf der Westnekropole in erster Linie die zivile Bevölkerung beigesetzen ließ.[34] Über die Bevölkerungsstruktur ist im Detail jedoch wenig bekannt. Die CCAA war ein Schmelztiegel zahlreicher ethnischer Gruppen aus unterschiedlichen römischen Provinzen sowie aus Regionen außerhalb des Reichsgebiets. Hierzu gehörten auch Germanen. Einige kamen als Gäste, die hier nur kurz ihre Geschäfte betrieben. Andere hatten sich in der Stadt dauerhaft niedergelassen.[35] Außerdem traten Germanen – wie auch zahlreiche Personen anderer Völker – in den römischen Militärdienst. Am Ende der Nutzungszeit ließen sich auf dem Westfriedhof vereinzelt Personen beisetzen, denen militärische Rangabzeichen wie Gürtelgarnituren beigegeben wurden. Dabei handelt es sich um eine Beigabensitte, die darauf hinweist, dass hier im römischen Heer dienende Germanen bzw. Franken bestattet wurden. Beigaben eines solchen Soldatengrabes wurden beispielsweise an der Sankt-Apern-Straße gefunden.[36]

Zusammenfassend kann festgehalten werden, dass das Areal vor der Stadtmauer wechselweise als Gewerbezone und Wohngebiet genutzt wurde. Daneben waren die Flächen – vornehmlich in der frühen Kaiserzeit sowie in der Spätantike – mit Gräbern belegt.

Abb. 9: Diatretglas, 4. Jh. n. Chr. Köln, Benesisstraße (Foto: Staatliche Antikensammlungen und Glyptothek München, Christa Koppermann)

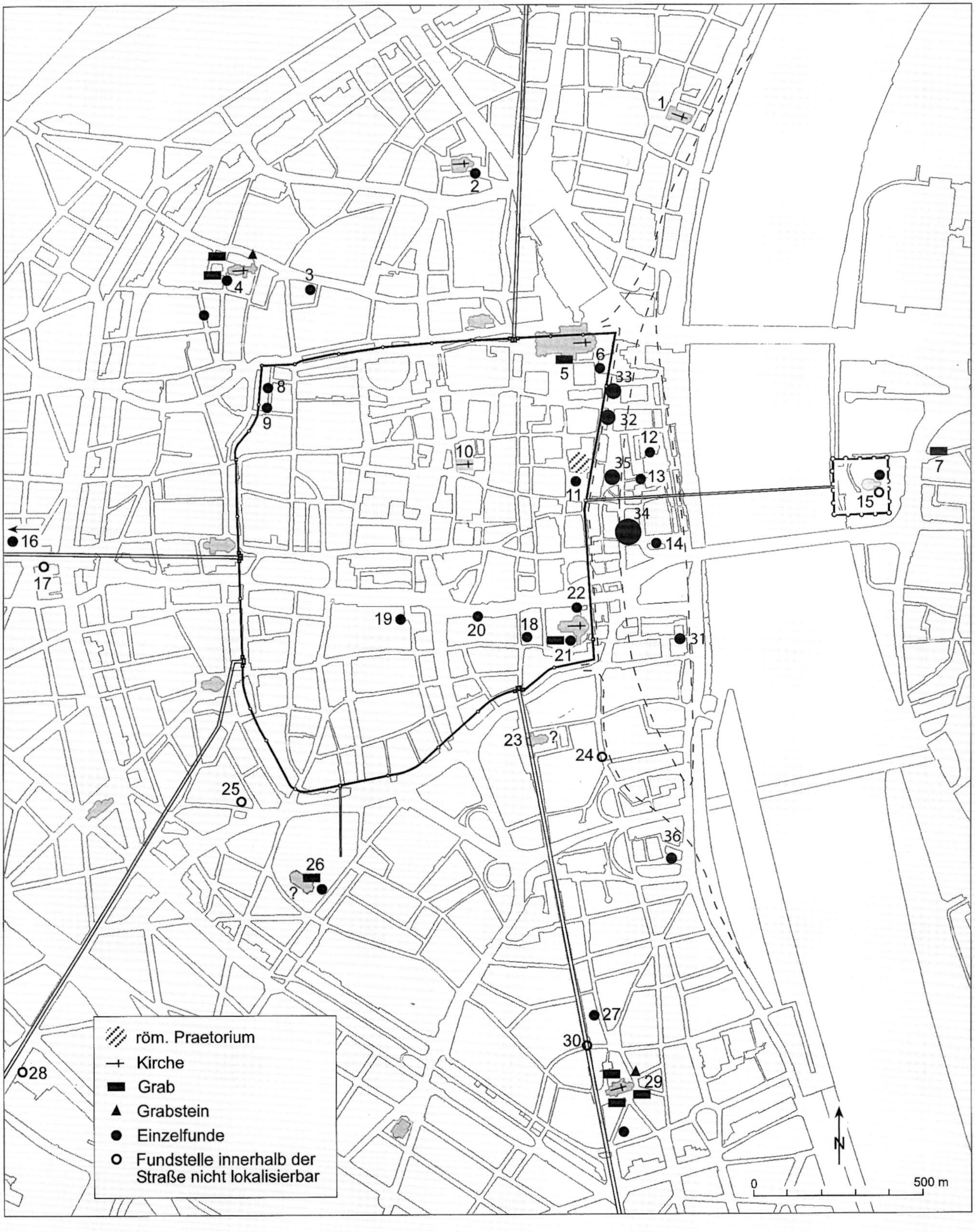

1
2
3
4
5
6
7
8
9
10
11
12
13
14
15
16
17
18
19
20
21
22
23
?
24
25
26
?
27
28
29
30
31
32
33
34
35
36
röm. Praetorium
Kirche
Grab
Grabstein
Einzelfunde
Fundstelle innerhalb der Straße nicht lokalisierbar
N
0
500 m

Verfall in der Merowinger- und Karolingerzeit

Im frühen 5. Jahrhundert war die römische Grenzverteidigung am Rhein deutlich geschwächt. Vorwiegend fränkische Militäreinheiten in römischen Diensten (*foederati*) waren mit der Grenzsicherung betraut, die spätestens seit der Mitte des 5. Jahrhunderts die Macht in Köln übernahmen.[37] Nach bisheriger Kenntnis brachten die Franken die Stadt Köln weitgehend intakt unter ihre Herrschaft, mitsamt der romanischen Restbevölkerung.[38]

Um St. Aposteln zeichnet sich eine auffällige Lücke an merowingerzeitlichen Funden ab (Abb. 10).[39] Siedlungsfunde wie Keramik liegen vor allem von der Ostseite der Stadt vor, vom Dom, St. Maria im Kapitol und insbesondere von der Rheinvorstadt unter dem heutigen Heumarkt. Grabfunde bei St. Severin und St. Gereon zeigen, dass antike Friedhöfe auch von den Franken weiter genutzt wurden. Im Westteil der Stadt hingegen endet das Fundmaterial als Siedlungsindikator mit dem 4.(/5.) Jahrhundert. Die ehemalige Colonia des 5. bis 7. Jahrhunderts dürfte im Ostteil noch von weitgehend intakter antiker

Abb. 10 (linke Seite): Merowingerzeitliche Fundstellen in der Kölner Innenstadt. 1. St. Kunibert, 2. St. Ursula, 3. Gereonstraße, 4. St. Gereon, 5. Dom St. Peter, 6. Domhof, 7. Deutz, Siegesstraße, 8. Am Römerturm, 9. Helenenstraße, 10. St. Kolumba, 11. Rathaus/ Praetorium, 12. Martinsviertel, 13. Lintgasse, 14. Heumarkt, 15. Deutz, Kastell Divitia, 16. Nähe Aachener Tor, 17. Aachener Straße, 18. Hohe Straße, 19. St. Cäcilien, 20. Cäcilienstraße/ Sternengasse, 21. St. Maria im Kapitol, 22. Hermann-Joseph-Platz, 23. St. Georg, 24. Follerstraße, 25. Weyerstraße, 26. St. Pantaleon, 27. Achterstraße, 28. Luxemburger Straße, 29. St. Severin, 30. Severinstraße (Plan: Thomas Höltken, Köln, überarbeitet nach Repro Riemer 2006, S. 259, Abb. 1)

Abb. 11 (folgende Doppelseite): Köln im 7. Jahrhundert (Zeichnung: St. Claire Smalle/Thomas Höltken, RGM Köln)

Abb. 12: Verteilung karolingischer Keramik in der Kölner Innenstadt, 8.–9. Jh. (Plan: Thomas Höltken, RGM Köln)

Abb. 13 (übernächste Doppelseite): Köln um 850 (Zeichnung: St. Claire Smalle/Thomas Höltken, RGM Köln)

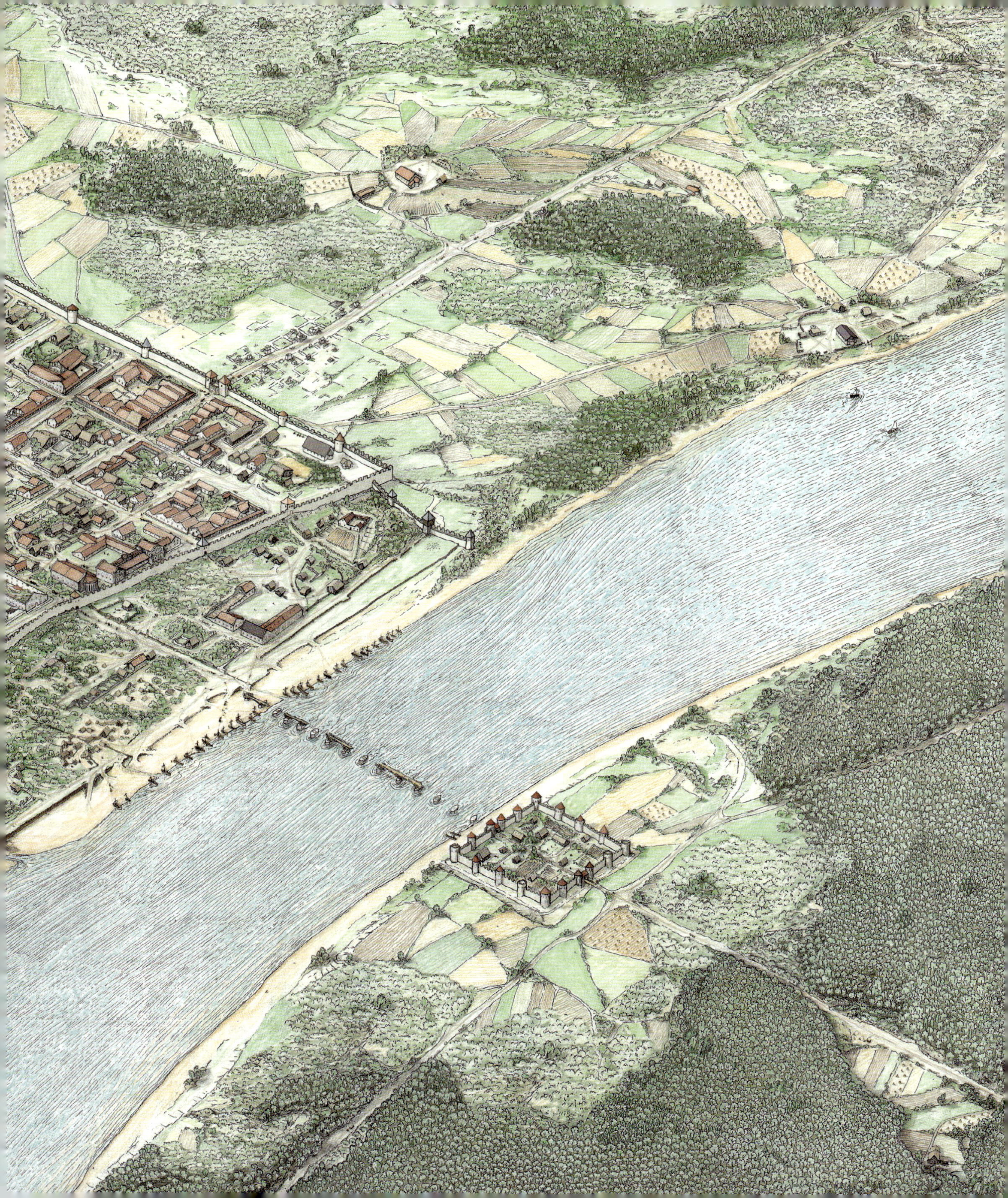

Architektur mit gelegentlichen fränkischen Einbauten geprägt gewesen sein. Der Westteil hingegen lag brach; die römischen Gebäude wurden nach und nach auf der Suche nach recyclefähigem Steinmaterial abgebrochen.[40] Freiflächen wurden teils agrarisch genutzt; allerorts dürften aber noch antike Gebäude sowie Grabdenkmäler gestanden haben.[41] Die Via Belgica hatte an Bedeutung verloren.[42] Die römische Stadtmauer hingegen blieb – aufgrund ihrer wichtigen fortifikatorischen Funktion – von den Verfallserscheinungen im Westteil der Stadt verschont (Abb. 11).

Auch in der Karolingerzeit – im 8. und 9. Jahrhundert – blieb der Westen der ehemaligen CCAA weitgehend ungenutzt. Besonders deutlich wird dieser Umstand aufgrund der Verteilung der karolingischen Siedlungskeramik (Abb. 12). Während im Osten Tausende Scherben eine dichte und aktive Siedlung belegen, ist das Areal um St. Aposteln fast fundleer. Auch die historischen Quellen legen nahe, dass weite Flächen im Westen vom städtischen Siedlungsgebiet ausgeklammert waren (Abb. 13).[43]

Die antike Stadtmauer diente weiterhin der Verteidigung. Sie dürfte während der Normannenüberfälle des 9. Jahrhunderts eine wichtige Funktion ausgeübt haben: So heißt es für das Jahr 881 in den Fuldaer Annalen, dass die Normannen bei ihrem damaligen Kriegszug Köln und Bonn mit ihren Kirchen und weltlichen Gebäuden in Brand gesteckt hätten.[44] Kurze Zeit später (883) sei die Stadt wieder aufgebaut und die Mauer mit ihren Toren, Riegeln und Schlössern wiederhergestellt gewesen.[45]

Abb. 14: Blick auf eine teilweise ausgemauerte Grube/einen Keller des Hochmittelalters an der Wolfstraße/Richmodstraße (Repro: Carroll-Spillecke 1997b, Abb. 13)

Wiederbesiedlung mit dem ersten Kirchenbau

Die ältesten Nachrichten zur hochmittelalterlichen Nutzung unseres Betrachtungsraumes sind mit St. Aposteln selbst bzw. dem Vorgängerbau verbunden. Der Mönch Ruotger, Biograf des Kölner Erzbischofs Brun, schreibt, dass Bruns Leichnam im Jahr 965 feierlich von Reims nach Köln übertragen und sein Körper vor Eintritt in die Stadt in einer Kirche vor der Stadtmauer aufgebahrt wurde. Besagte Kirche sei zwar ein bescheidener Bau, der sich aber durch das Patrozinium der hll. Apostel besonders auszeichne.[46] Wenige Jahre später – im Jahr 980 – wird der Vorgängerbau erneut genannt, als er durch Erzbischof Warin (amt. 976–984) dem Kölner Ursulastift geschenkt wurde. In diesem Zusammenhang wird eine Vorstadt nahe der Kirche (*in suburbio juxta dictam ecclesiam*) erwähnt.[47] Weitere Details über diese Siedlung erfahren wir jedoch nicht.

Zur 965 genannten Apostelnkirche (Bau I) gibt es archäologisch kaum Quellen. Sie dürfte mit Sicherheit unter der heutigen Kirche zu suchen sein.[48] Immerhin liegen wenige Keramikscherben der Karolingerzeit vor, die 1984 bei Ausgrabungen an der Nordseite von St. Aposteln aufgelesen wurden, und die möglicherweise mit diesem Kernbau in Zusammenhang stehen. Wann und von wem Bau I errichtet wurde, ist unklar.[49] Das schüttere archäologische Fundmaterial lässt bei derzeitigem Stand lediglich darauf schließen, dass Bau I – möglicherweise eine erzbischöfliche Eigenkirche[50] – in nachmerowingische bzw. vorbrunonische Zeit, vielleicht bis in das 9. Jahrhundert zurückreicht. Ob es sich bei der Gründung von Bau I um einen – eher vergeblichen – bischöflichen Versuch einer Neubesiedlung des Streifens vor der Stadtmauer handelt, ist – angesichts der großen Freiflächen innerhalb der Stadtmauer – kaum plausibel. Vielleicht ist die Gründung auf den Wunsch zurückzuführen, einen symbolischen Kirchenkranz oder ein Kirchenkreuz im Stadtbild zu schaffen.[51]

Erzbischof Pilgrim (amt. 1021–1036) gründete bei der alten Kirche ein Kanonikerstift und ließ einen Neubau errichten (Bau II, um 1025/30). Reste dieser Anlage wurden im Zuge mehrerer archäologischer Ausgrabungen angetroffen. Die dreischiffige Pfeilerbasilika grenzte unmittelbar an die antike Straße. Sie überdeckte die Pfeilerreihen der Laubengänge auf der nördlichen Straßenseite, griff aber nicht in den alten Straßendamm ein. Die ehemalige antike Straßenfläche wurde wohl genutzt, wobei unklar ist, ob sie nun als Vorplatz fungierte oder als Garten[52] diente. Aufgrund der Lage im Immunitätsbereich des Stifts war das Areal jedenfalls der Öffentlichkeit und dem städtischen Verkehr entzogen. Der spätromanische Kreuzgang auf der Südseite überbaute die ehemalige Straße endgültig.[53] Joseph Klinkenberg ging davon aus, dass mit der Stiftsgründung auch das römische Westtor niedergelegt bzw. geschlossen wurde.[54]

Der Neumarkt – wohl um 1000 gegründet und 1076 erstmals als *novo mercato* in den historischen Quellen genannt – setzte einen ungehinderten Zugang durch das alte Westtor voraus. Mit der Schließung der Pforte war der Markt jedoch von einer wichtigen Straße abgeschnitten. Der Zugang musste nach Süden – entlang der heutigen Straßen Marsilstein–Im Laach–Lungengasse – umgeleitet und ein neuer Durchbruch durch die Stadtmauer geschaffen werden. Der neue Zugang ist heute noch am Straßennamen „Im Laach“ (im Loch) abzulesen.[55] Auch im Norden – so zeigt es der Mercatorplan von 1571 – gab es einen kleinen Durchgang.[56] Dieser

war jedoch für den städtischen Warenverkehr ohne Belang, da er in den Stiftsbereich führte.

Über den Charakter sowohl der Stiftsbebauung als auch der benachbarten bürgerlichen Häuser in der Apostelnpfarre kann archäologisch nur wenig beigetragen werden. In den meisten Fällen erstreckt sich oberhalb der römischen Schichten ein zwischen 1,5–3 m starkes, nahezu fundleeres Schichtenpaket aus grauer, sogenannter Gartenerde, was darauf hinweist, dass in nachrömischer Zeit und bis weit in das Hochmittelalter hinein das Areal brach lag, verbuschte oder landwirtschaftlich bzw. als Garten genutzt wurde.

Einer der wenigen archäologischen Nachweise hochmittelalterlicher Bebauung im Umfeld von St. Aposteln wurde 1992 an der Wolfsstraße/Richmodstraße angetroffen. Im Innenhof des o. g. ehemaligen römischen Gebäudes mit Innenhof wurde im Mittelalter der antike Estrichboden aufgeschlagen und eine 3,8 m lange rechteckige Grube angelegt.[57] An der Südwand der Grube befand sich ein Mauerrest, der darauf schließen lässt, dass es sich um den Rest eines Kellers handelt (Abb. 14). Gemäß der Keramikfunde[58] aus der Verfüllung des Kellers gab man diesen im 11./12. Jahrhundert wieder auf. Es ist daher denkbar, dass das Haus mit dem Keller im 10. oder 11. Jahrhundert errichtet wurde.

Trotz des Nachweises solcher frühen Siedlungsinseln lassen historische und archäologische Quellen im frühen Hochmittelalter auf eine vergleichsweise dünne, von großen Lücken durchsetzte Nutzung im Westteil der Innenstadt schließen. Antike Architekturreste wurden in Köln noch bis zum 12. Jahrhundert als Steinbrüche genutzt und das Material wiederverwendet.[59] Eine völlige Auflösung der römischen Stadt ist jedoch nicht anzunehmen; so legt bereits die Kontinuität des Straßensystems bis in heutige Zeit nahe, dass die westliche Colonia nicht voll-

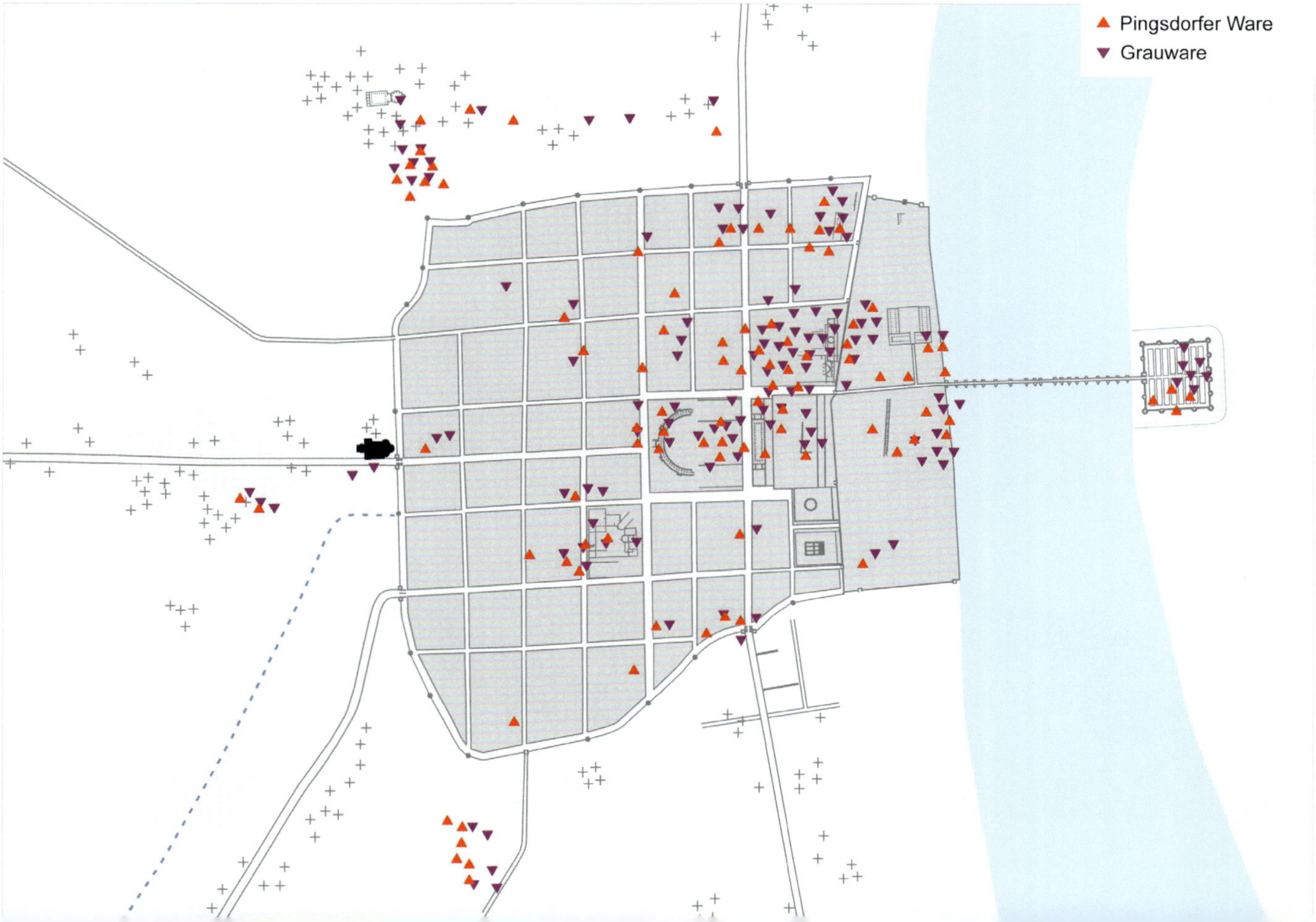

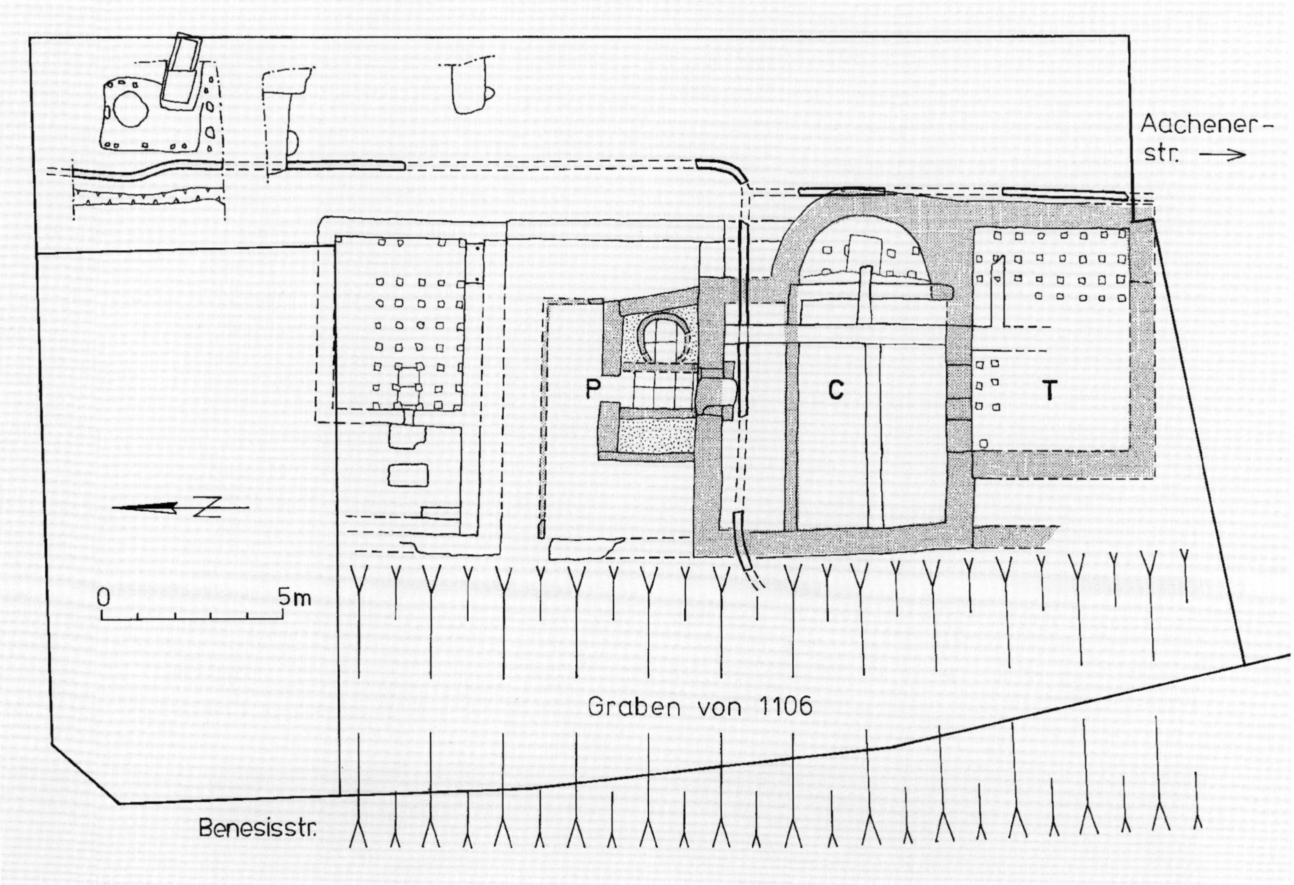

ständig wüst fiel. Die Verteilung mittelalterlicher Keramik des 10. bis 12. Jahrhunderts – der sogenannten Pingsdorfware und Grauware – lässt darauf schließen, dass sich ab dem 11. Jahrhundert – möglicherweise mit der Gründung des Neumarktes – die Besiedlung beiderseits der Stadtmauer wieder verdichtete (Abb. 15).[60] Die Bebauung bestand wohl aus einfachen, vornehmlich eingeschossigen Häusern und Höfen aus Holz, Fachwerk und Stein. Zu der einfachen Wohnbebauung des 10./11. Jahrhunderts gesellten sich im 12. Jahrhundert aufwendige, mehrgeschossige Steinbauten.[61] Im 12./13. Jahrhundert verdichtete sich die Bebauung und Straßenabschnitte mit geschlossenen Reihenhäusern traten häufiger in Erscheinung.[62]

Abb. 15 (linke Seite): Verteilung hochmittelalterlicher Keramik in der Kölner Innenstadt, 10.–12./13. Jh. (Plan: Thomas Höltken, RGM Köln)

Abb. 16: Grabungsplan Benesisstraße 24–32/Mittelstraße 19, römische Thermen im Osten der Grabungsfläche und der Stadtgraben 1106 im Westen (Plan: RGM Köln)

Ein weiteres stadtgeschichtlich bedeutsames Ereignis in unmittelbarer Nähe der Apostelnkirche fand im Jahr 1106 statt – im Rahmen der sogenannten zweiten Stadterweiterung. Die Kölner erhielten damals die Erlaubnis des Kaisers Heinrich IV., ihre Vorstädte zu befestigen. Dieser hatte sich auf der Flucht vor seinem Sohn Heinrich V., der ihm die Krone abzuringen versuchte, in Köln verschanzt. Den Bürgern gelang es in wenigen Wochen, eine gewaltige, über 3 km lange Wall-Graben-Anlage zu errichten, die im Norden, Süden und Westen an die alte römische Stadtmauer grenzte. Um das Apostelnstift wurde ein rund 1 km langer Graben ausgehoben – das Gebiet der neuen Stadterweiterung, deren Name aus den schriftlichen Quellen nicht überliefert ist. Tore befanden sich an der Friesenstraße (Löwenpforte), Ehrenstraße (Ehrenpforte), Hahnenstraße (Hahnenpforte), Schaafenstraße (Schafenspforte) und am Mauritiusteinweg (Eifelpforte). Die Verteidigungslinie von 1106 ist heute komplett aus dem Stadtbild verschwunden; an sie erinnern lediglich einige Straßennamen wie Perlengraben oder Katharinengraben. Der Stadtgraben konnte jedoch in den letzten Jahren mehrfach in Köln archäologisch nachgewiesen werden. Dabei handelte es sich um einen recht einheitlichen 10–12 m breiten und rund 5 m tiefen Spitzgraben. Seine Reste wurden u. a. an der o. g. Fundstelle an der Benesisstraße/Mittelstraße freigelegt. Der Graben befand sich unmittelbar westlich der römischen Thermen und war hier noch rund 2,5 m tief erhalten (Abb. 16).

Rund 75 Jahre später begannen die Kölner Bürger mit dem Bau einer neuen Stadtmauer – der rund 8 km langen staufischen Befestigung. Ab diesem Zeitpunkt war der alte Graben von 1106 obsolet. Ob sein westlicher Abschnitt daraufhin vollständig verfüllt wurde, lässt sich archäologisch nicht beurteilen, da aus seiner Verfüllung keine Funde geborgen wurden. Wahrscheinlich stand er noch in Teilen geraume Zeit offen. Zwischen dem 13. und 15. Jahrhundert werden seine Reste in den Schreinsbüchern genannt.[63] Auf dem Mercatorplan von 1571 verweisen einerseits die Straßennamen „am vinaffer poell“ (heute Benesisstraße) und Am Rinkenpfuhl (poell/pfuhl im Sinne von „Pfütze“[64]) sowie auch die zeichnerische Darstellung auf Reste des ehemaligen Grabens.

Abb. 17: Wandmalerei mit beschirmtem Kandelaber, Ende 1. Jh. n. Chr. Köln, Gertrudenstraße (Foto: RBA Köln, rba_c007182)

1 Schultze/Steuernagel 1895, S. 3f., S. 84.
2 Zur Frühgeschichte der Stadt, der Zeit des Oppidum Ubiorum und des Zweilegionenlagers sowie zur Diskussion über Lage, Ausdehnung und Charakter des Oppidums vgl. jüngst Schäfer 2016 und Schmitz 2021, bes. S. 42.
3 Thomas 1999, S. 935f.
4 Stracke 1992, S. 100–104.
5 Mann 1962, S. 8.
6 Reste der Torfundamente wurden 1913 (Schultze/Steuernagel 1916, S. 1–7) und 1949 freigelegt (Fundbericht 1949.011 im Archiv, RGM).
7 La Baume 1958.
8 Thomas 1995.
9 Carroll-Spillecke 1993; Carroll-Spillecke 1997b, S. 422–427.
10 Dodt 2001, S. 281–286.
11 Schultze/Steuernagel 1895, S. 110; Taf. 11.
12 Hellenkemper 1975, S. 813. Zu Kölner Mosaiken vgl. von Boeselager 1987.
13 Follmann-Schulz 1992, S. 246–248. Eine detaillierte Vorlage des Befundes steht noch aus: Follmann-Schulz 1992, S. 246.
14 Thomas 1999, S. 931.
15 Der Begriff Via Belgica ist eine moderne, 1999 eingeführte Bezeichnung. Euskirchen/Kleuver/Schneider 2014.
16 Spiegel 1994, S. 607–609.
17 Schäfer 2011.
18 Ein mittels Lack konservierter Abzug des Bodenprofils (ein sogenanntes Lackprofil) der Straße befindet sich im Foyer der Fritz Thyssen-Stiftung.
19 Schäfer 2011, S. 25.
20 Spiegel 1994, S. 599.
21 Spiegel 1994, S. 599.
22 Fremersdorf 1950, S. 69f.; Spiegel 1994, S. 599.
23 Berke 1989, S. 879ff.; weiter südlich befanden sich möglicherweise Schlachtereien, die den Rohstoff lieferten: Carroll-Spillecke 1996, S. 570f.
24 Höpken 1998, S. 436–443.
25 Spiegel 1994, S. 600.
26 Hellenkemper-Salies 1983.
27 Spiegel 1994, S. 600.
28 Carroll-Spillecke 1997a; Dodt 2001, S. 298.
29 Horn 1987, S. 478.
30 Spiegel 1994, S. 595.
31 Spiegel 1994, S. 606.
32 Spiegel 1994, S. 599.
33 Von Urlichs 1844; Klinkenberg 1906, Abb. 120/121.
34 Militärangehörige ließen sich vorwiegend auf den Friedhöfen am Gereonsdriesch und der Severinstraße bestatten: Spiegel 1994, S. 606f. – Aus dem unmittelbaren Umfeld der Apostelnkirche sind bislang lediglich zwei Grabinschriften bekannt: Galsterer 2010, S. 434f., Nr. 558 und S. 452f., Nr. 603 (Apostelnkloster).
35 Frank 2016; Euskirchen 2016.
36 Böhme 1974, S. 276ff. Nr. 102, Taf. 74–76.
37 Ewig 2007, S. 31–33.
38 Eck 2007, S. 17f.
39 Riemer 2006, Abb. 1.
40 Dieser Siedlungsrückgang setzte bereits in der Übergangszeit, spätestens in der Periode zwischen dem späten 4. und der Mitte des 5. Jahrhunderts, ein. Dies legen die Verbreitung von Münzen aus der Zeit zwischen 395 und 455 sowie der Argonnen-Sigillata des späten 4. und der ersten Hälfte des 5. Jahrhunderts nahe (freundlicher Hinweis von Marcus Trier, RGM).
41 Vgl. archäobotanische Untersuchungen in Xanten, demzufolge sich nach Aufgabe der spätantiken Siedlungsflächen im 5. bis 7. Jahrhundert eine ausgedehnte Ruderal- und Pioniervegetation ausbreitete: Zerl/Meures-Balke/Kalis 2021, S. 162.
42 Schäfer 2011, S. 27.
43 Hermann Keussen vermutete bereits 1910, dass die Zone in nachrömischer Zeit als Allmende bzw. Weideplatz genutzt wurde: Keussen 1910, S. 4*, 10*; 12*–23*.
44 Schäfer 1916, S. 35. – Eine weitere Zerstörung Kölns durch Dänen (dani) vermerken die Annalen von St. Vaast für das Jahr 882: MGH SS 2, S. 199.
45 Schäfer 1916, S. 36.
46 MGH SS rer. Germ. N. S., S. 50.
47 Ennen, Quellen I, S. 470, Nr. 16; Oediger 1961, S. 162, Nr. 530.
48 Stracke 1992, S. 85.
49 Zu merowinger- und karolingerzeitlichen Datierungsansätzen aus historischen Erwägungen vgl. Stracke 1984, S. 183 mit Anm. 2 u. Anm. 4. – Das Weihedatum des Jahres 872, das gelegentlich in der Literatur begegnet, ist nicht belegbar: Stracke 1984, S. 183.
50 Borger 1979, S. 362.
51 Stracke 1992, S. 120–122.
52 Hierauf weisen humose Schichten oberhalb des römischen Straßendamms hin: Schäfer 2011, S. 27.
53 Kier/Chibidziura 2004, S. 114.
54 Klinkenberg 1906, S. 192f.; Reste des Tores waren wohl noch in der 1451 erweiterten Sakristei integriert: Stracke 1992, S. 215.
55 Wrede 1956/58, Bd. 3, S. 122.
56 Vgl. den Durchbruch auf einer Zeichnung von Cornelis Pronk aus dem Jahr 1729 (KSM, Graphische Sammlung, A I 3/38).
57 Carroll-Spillecke 1993; Carroll-Spillecke 1997b, S. 427f.
58 Carroll-Spillecke 1997b, Abb. 14,1–3.
59 Bergmann/von Plehwe-Leisen 2019.
60 In die Mitte und zweite Hälfte des 12. Jahrhunderts datieren die Ersterwähnungen der Straßen um St. Aposteln: Neumarkt (1076), Lungengasse (1159/80), Thieboldsgasse (um 1200), Richmodstraße (1170/90), Wolfstraße (1170/90), Olivengasse (1261), Apostelnstraße (1119), Gertrudenstraße(1170/90), Ehrenstraße (1170/83), Große Brinkgasse (1170/90), Benesisstraße (1235), Hahnenstraße (1180/89), Schaafenstraße (1159/80), Am Rinkenpfuhl (1190/1202), Marsilstein (1159/80), Im Laach (1159/80), Mauritiussteinweg (1144). Glasner 2002, passim.
61 Wiedenau 1980. S. 8–10.
62 Vogts 1966, Bd. 1, S. 9, S. 55–57.
63 Keussen 1910, Bd. 1, S. 396f.
64 Wrede 1956/58, Bd. 2, S. 306f.

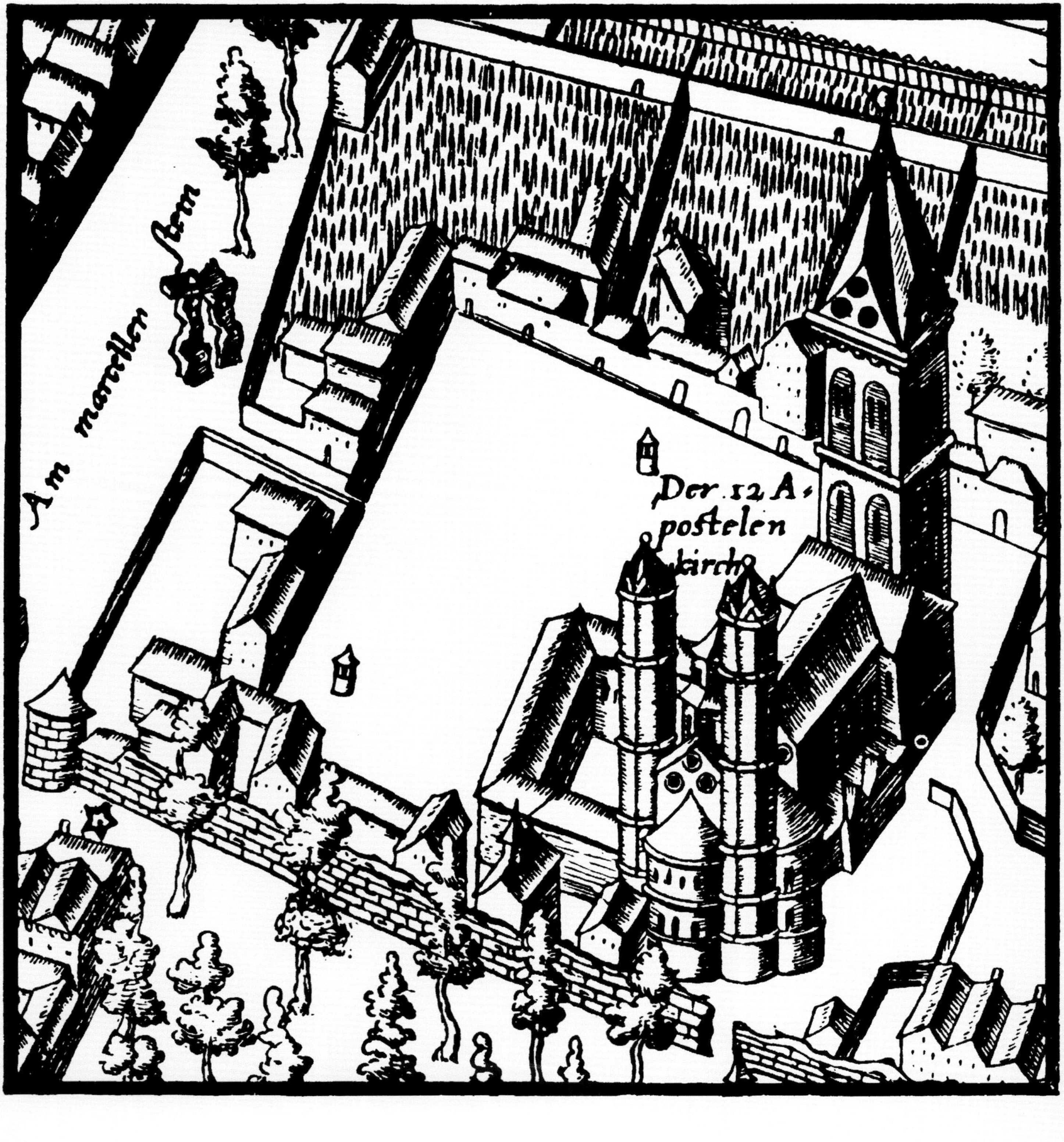
Am marcellen strasse
Der 12 A-
postelen
kirch

Klug und nachhaltig

Zur Wirtschaftsgeschichte von St. Aposteln

Wolfgang Rosen

In diesem Jahrbuch findet man ganz überwiegend Texte zur Architektur, zu Kunstgegenständen oder zur sonstigen Ausstattung der Kölner romanischen Kirchen. Im folgenden Beitrag wird auch ein wichtiges und großes Gotteshaus der Rheinmetropole – St. Apostelн – in den Blick genommen, allerdings nicht dessen kunst-, architektur- oder liturgiehistorischen Aspekte, sondern Gesichtspunkte der gleichsam ganz profanen Seite dieses geistlichen Instituts. Thematisiert wird ein besonderer, aber sehr wichtiger Aspekt des über fast acht Jahrhunderte hier ansässigen Kollegiatstifts: die ökonomische Dimension dieser Kanonikergemeinschaft.[1] Das Stift ist hierfür als Wirtschaftsunternehmen zu betrachten, denn geistliche Einrichtungen waren nicht nur Stätten des Gebetes und der Seelsorge, sondern mussten auch über materielle Grundlagen verfügen, sie verwalten und organisieren, um überhaupt ihre Kernaufgaben erfüllen zu können. „Schon der Begriff ‚Stift' bezeichnet ja die Vermögensseite der Klerikergemeinschaft."[2]

Abb. 1: Köln, St. Aposteln, Kirche und Stiftsbezirk, 1571. Plan des Kartografen Arnold Mercator, 1537–1587 (Repro: Ewald/Rahtgens 1916, S. 104)

Der „religiosus braucht den oeconomicus, sonst würde er verhungern“.[3] Überpointiert wurden die Stifte auch einmal charakterisiert als „Wirtschaftsbetriebe zur Finanzierung gottesdienstlicher, seelsorglicher und religiös-kultureller Aufgaben“.[4]

Die Bauten und die Ausstattung – also das, was noch von diesen geistlichen Instituten übrig geblieben und für uns bis heute sichtbar ist – sind nicht zuletzt Ergebnisse einer Wirtschaftspolitik der damaligen Kanoniker.

Das bis 1802 bestehende St. Apostelnstift war eines der größten – mit zeitweise 40 Kanonikaten[5] – und bedeutendsten geistlichen Institute der mittelalterlichen und frühneuzeitlichen Rheinmetropole (Abb. 1–2). Mit Besitzungen in Nimwegen sowie im gesamten Rheinland, von Wipperfürth über die Zülpich-Jülicher Börde bis hin zur Mosel und bis Bacharach, war das Kanonikerstift ein wichtiger Faktor in der Kölner und rheinischen Stifts- und Klosterlandschaft.

Die Wirtschaftsgeschichte von geistlichen Instituten wird selten beleuchtet. Dies liegt zunächst sicher an den Quellen, sind diese in Form von Rechnungen, Pachtverträgen, Protokollen, Registern o. Ä. doch häufig sehr umfangreich und versprühen einen eher spröden Charme. Die Auswertung ist mühsam und aufwendig und die Gegenstände spiegeln gleichsam eine – jedenfalls auf den ersten Blick – alltägliche Banalität wider. Darüber hinaus scheint die Darstellung und Untersuchung ökonomischer Strukturen und Entwicklungen wenig ereignisgeschichtliche Aspekte zu beinhalten und keinen kunsthistorischen Glanz zu entfalten – kurzum auch vom Inhaltlichen her nicht viel zu bieten. Dabei erlauben beispielsweise Rechnungen nicht nur die Überprüfung normativer Quellen in Bezug auf ihre reale Umsetzung, sondern erst mit ihrer Hilfe ist es möglich, statische und punktuelle Bilder zu dynamisieren, Trends aufzuzeigen und Entwicklungen zu analysieren. Zu alledem kommt, dass gerade die Kollegiatstifte häufig in der „anrüchigen Ecke degenerierter – wenn nicht gar verlotterter – geistlicher Kommunitäten“[6] vermutet wurden. Auch wenn sich diese Institute in ihrer überwiegenden Zahl über viele Jahrhunderte bis hin zu den großen Säkularisationen behaupteten und erst danach ihr Ende fanden, behandelt eine ganze Reihe von Stifts- und Klosterpublikationen überwiegend lediglich die mittelalterliche Zeit. Hingegen galt die Frühe Neuzeit insbesondere in Köln lange als eine Periode des Niedergangs, sodass viele derartige Monografien häufig nur die Zeit von der Gründung des jeweiligen Instituts bis zum Ende des Mittelalters in den Blick nehmen. Zwar wird darin auch die Wirtschaftsgeschichte thematisiert, doch geschieht dies meist rein deskriptiv (Besitzlisten), punktuell (Einzelrechnungen) oder nur illustrativ und nicht quantifizierend, systematisch analysierend und repräsentativ.

Um die Wirtschaftsgeschichte des St. Apostelnstifts nachzuzeichnen und verstehen zu können, muss es als Wirtschaftssubjekt, das als Marktteilnehmer agierte, betrachtet werden. Die Kanoniker fungierten sowohl als Konsumenten (Lebensmittel, Bau- und Handwerkerleistungen, Bücher, Kunstwerke etc.) als auch als Produzenten von Waren (landwirtschaftliche und handwerkliche Produkte) wie auch Dienstleistungen (Armenfürsorge, Bildungsvermittlung und – was häufig nicht unter dieser ökonomischen Perspektive gesehen wird – Seelsorge). Sie waren Immobilieneigentümer und dienten als Kapitalsammelstellen. Ferner waren die Stifte wichtige Auftraggeber für das Bau- und Kunsthandwerk, um den Unterhalt ihrer Kirchen und sonstigen Gebäude zu gewährleisten.

Daher ist eine erste Frage, in welchen Wirtschaftssektoren sich St. Aposteln engagierte. An vorderster Stelle stand der primäre Sektor. Die Landwirtschaft bildete im späteren Mittelalter und in der gesamten Frühen Neuzeit – bis hin zur Säkularisation – das ökonomische Rückgrat einer großen Zahl kirchlicher Institute. Man

Abb. 2: Siegelstempel (Typar) des Stifts, 1213. Köln, St. Aposteln (Foto: RBA Köln, rba_c003987)

Universis presentes litteras audituris. Nos Wernerus prepositus ecclesie sancti Severini in Colonia et Fredericus decanus ecclesie sanctorum apostolorum Colonie, arbitri assumpti a viro nobili
Adolpho comite de Monte, Margareta matre eius et Elizabeth uxore ipsius comitis ex una parte, .. preposito, .. decano et capitulo ecclesie sanctorum apostolorum Colonie ex altera, presentibus litteris
intimamus quod de questionibus, iniuriis et dampnis, videlicet molendino, area que dicitur Stadelhof, piscaria, theolonio in Wippelvorde et rebus aliis diligenti deliberatione prehabita, volentes
predictam ecclesiam in iure suo illesam conservare de voluntate et consensu partium predictarum et oppidanorum in Wippelvorde, in nomine domini pronunciamus et statuimus, quod de cetero in perpetuum
de duobus molendinis apud Wippelvorde constructis solventur predicto capitulo in festo Purificationis beate virginis decem maldra tritici et quindecim maldra siliginis in recompensationem
molendini quod olim prefata ecclesia ibidem possidebat. Hoc adiecto quod si prefata duo molendina destruantur vel incendio consumantur vel quocumque modo alienentur, quod prefatus Co-
mes et eius successores nichilominus memoratam annonam suis sumptibus solvere tenebuntur. Ordinamus etiam sive statuimus quod de area que olim fuit Stadelhof ecclesie predicte, ubi nunc
domus per oppidanos de Wippelvorde est constructa in qua panni, pisces et alie res venduntur, decem et octo solidi in perpetuum per oppidanos sine contradictione qualibet aut diminutione persolvantur
ecclesie memorate singulis annis in festo Purificationis beate Marie supradicto. Item ordinamus quod ligna sua quecumque vendere aut succidere valeant quandocumque ipsi ecclesie placuerit et videbitur ex-
pedire sine contradictione comitis vel suorum officiatorum. Item ordinamus etiam .. prepositum autem .. decanum ecclesie prenotate Wippelvorde venientes, quod piscari valeant in fossatis circa Wip-
pelvorde existentibus si ipsis placuerit. Item pronunciamus de hominibus qui dicuntur Wasscherich infra oppidum commorantibus quod pleno iure gaudeant sicut extra. Item ordinamus quod census et
debita quecumque sive per iudicium seculare sive per iudicium ecclesiasticum prout capitulo memorato videbitur expedire sine contradictione comitis requirantur, iusticia sine mora eis facta non
fuit expedita. Item de theolonio recipiendo et sculteto ponendo ac aliis iuribus ad scultetum pertinentibus requirendis volumus quod libere possideant et quiete sicut hactenus consueverunt
et nullum super hiis sustineant impedimentum. De annona autem predicta volumus quod quinque maldra cedant ad memoriam predictorum comitis patris matris et uxoris eiusdem et eorum
anniversarii sicut canonicorum [illegible] ecclesie solempniter peragantur. Predicta vero omnia et singula volumus inviolabiliter observari. In cuius rei testimonium et firmitatem perpetuam presens lit-
tera est scripta sigillis nostris predictarum partium ecclesie Colonie et oppidanorum Wippelvordensium communita. Pronunciatum et datum in die beate Cecilie virginis anno domini
millesimo ducentesimo sexagesimo septimo

verfügte über agrarwirtschaftlich zu nutzenden Grundbesitz, und zwar innerhalb der Kölner Stadtmauern bzw. in der unmittelbaren Umgebung vor der Stadt, im gesamten Rheinland sowie in den angrenzenden Regionen. Diese Ländereien wurden entweder selbst bewirtschaftet oder verpachtet oder man verfügte über Rechte wie beispielsweise Zehnte und Renten, die mit dem Eigentum verbunden waren. Bei den landwirtschaftlichen Gütern steht die Getreideproduktion an erster Stelle, deren größter Teil auf dem Markt der Rheinmetropole verkauft wurde. Noch im 18. Jahrhundert bildeten die geistlichen Institute die bedeutendste Gruppe der Anbieter von Zerealien.[7]

Darüber hinaus war St. Aposteln in der Herstellung von Wein tätig. Man besaß Eigentum und sonstige Rechte an Wingerten des Mittelrheins, der Mosel, der Ville sowie über Parzellen vor und hinter den Kölner Stadtmauern. Als ein weiteres Produkt ist das Bier zu nennen. Bereits um 1193 ist in Köln die uns erste bekannte Brauerin nachgewiesen, die ihr Brauhaus neben der St. Apostelnkirche hatte und auf eigene Rechnung für dieses Stift braute.[8] Einen zusätzlichen Wirtschaftsbereich stellte die Fischerei dar. Für St. Aposteln relevant waren entsprechende Rechte für Rhein und Wupper in Rheindorf sowie in Niederembt. Darüber hinaus konnte man Gartenland, das in der Regel in der Nähe der Höfe lag, sein Eigen nennen. Innerhalb und außerhalb der Kölner Stadtmauern nutzte das Stift Land als Gärten. Die Kanonikergemeinschaft besaß zudem eine Reihe von Waldungen oder dazugehörige Rechte. Das Forsteigentum konzentrierte sich vornehmlich auf das Gebiet um die Stiftshöfe in Buschbell und Nörvenich sowie bei den Weingärten von Brenig und Königswinter. Darüber hinaus finden wir das Stift u. a. als Eigentümer von Mühlen, so in Wipperfürth (Abb. 3), Eggersheim und Lechenich.

Im terziären Wirtschaftssektor war das geistliche Institut auf dem Kapital- und Immobilienmarkt aktiv, und zwar überwiegend in Rentengeschäften.[9] Des Weiteren verfügte man insbesondere in der Domstadt über Häuser, die man vermieten konnte.

Abb 3: Schiedsspruch von Propst Werner von St. Gereon und Dechant Friedrich von St. Aposteln zwischen der Familie des Grafen von Berg und dem Kapitel von St. Aposteln wegen Mühle, Stadelhof, Fischerei und Zoll zu Wipperfürth, 22. November 1267. HAStK, Best. 204, U2/62 (Foto: RBA Köln, rba_mf215742)

Methoden: Das Stift – ein mikroökonomischer Untersuchungsgegenstand

In den klassischen Stifts- und Klostermonografien, die meist versuchen, sich eng an das Germania-Sacra-Prinzip[10] anzulehnen, kommen insbesondere die Gründungsgeschichte und die verfassungsrechtlichen Aspekte ausführlich zur Sprache. In diesen Studien gibt es in der Regel ein Kapitel über das Eigentum bzw. den Besitz, in dem die Struktur und zum Teil auch etwas die Entwicklung dargestellt wird. Allerdings stehen auf diese Weise „Darstellung und Analyse im Text einerseits und die Daten der Listen andererseits manchmal unvermittelt, teilweise isoliert nebeneinander“.[11] „Es werden nicht immer Entwicklungslinien aufgezeigt [...]. Das Datenmaterial der Listen wird zu wenig oder überhaupt nicht berücksichtigt. Die [...] zusammengestellten Kataloge bleiben auf diese Weise ohne eigentliche Auswertung“.[12] Um eine Institution wie ein Stift ökonomisch untersuchen zu können, bedarf es besonderer Methoden. So stellt der quantifizierende Ansatz eine wichtige Herangehensweise dar, der sich für die Wirtschaftsgeschichte als äußerst fruchtbar erwiesen hat. Serielle bzw. seriell aufzubereitende Daten erlauben eine quantifizierende Analyse mit sehr viel weiterreichenden Aussagen, als Einzelbeispiele dies tun können, die zwar illustrierend zu sein vermögen, aber nicht repräsentativ sind. Quantitative Daten hingegen bieten einen klaren Rahmen und machen

Proportionen der wirtschaftlichen Verhältnisse deutlich. Denn nur mittels der Auflistungen und Untersuchungen von Ein- und Ausgaben vermögen die jeweiligen größenmäßigen Dimensionen dargestellt und analysiert zu werden. Ferner werden erst hierdurch Entwicklungen, Gemeinsamkeiten und Unterschiede der diversen Stiftskassen (Kellnerei, Präsenz, Fabrik, Neues Amt etc.) deutlich.

Auf diese Weise können auch die Entwicklung fördernde dynamische Aspekte aufgezeigt werden. Wichtig ist zudem die Beobachtung und Analyse über größere Zeiträume hinweg. Darüber hinaus ist ein Perspektivwechsel nötig, weg von der makro-, hin zur mikroökonomischen Ebene, also von einer gesamt- oder stadtwirtschaftlichen Betrachtung hin zum Untersuchungsobjekt Stift als Subjekt der Mikroebene.

Eigentum als Basis für die Ökonomie

Es ist nur wenig über das Gründungseigentum bekannt, vermutlich gehörten schon im 11. Jahrhundert Besitzungen in Lechenich und Nimwegen zu St. Aposteln – also Orte, in denen das Stift bis 1802 über Güter und Rechte verfügte. Seit dem 12. Jahrhundert nahm die Anzahl der Schenkungen zu, insbesondere in Form von Land und Häusern. Das Stift erhielt also Mittel, die es zum Auf- und Ausbau des Immobilienkapitals verwenden konnte und aus denen es langfristig Einkünfte zu generieren vermochte. Im 11. und 12. Jahrhundert erfolgten bereits viele Schenkungen. In der zweiten Hälfte des 13. Jahrhunderts erreichte die Zahl der Donationen dann im Vergleich zu allen anderen betrachteten Zeiträumen ihren Höhepunkt. Insbesondere ist dies in den Besitzschwerpunkten in und rund um Köln, Müngersdorf, Rheindorf und Lechenich zu beobachten (Abb. 4).

Bei den Käufen erkennt man im 13. Jahrhundert ein Ansteigen der Erwerbungen in Orten, die in der Nähe bereits bestehender Besitzkonzentrationen lagen. Vornehmlich erwarben die Kanoniker Land und Wald. Ferner vermochte das Stift eine Reihe von Höfen zu kaufen. Häuser erwarb man vornehmlich in Köln. Darüber hinaus gewann St. Aposteln diverse Mühlen. Es war mithin eine Zeit sowohl der Konsolidierung wie auch des gezielten Ausbaus der ökonomischen Grundlagen. Die erste Hälfte des 14. Jahrhunderts war weiterhin sehr stark durch Käufe charakterisiert. Von 1350 bis zum Ende des Säkulums erwarb man vor allem Häuser, auch Güter in weiter entfernt liegenden Orten wie in Linz, Königswinter, Herkenbusch und Nimwegen. Das Stift wurde selbst aktiv und eignete sich gezielt derartige Güter an, insbesondere von der Mitte des 13. bis zur Mitte des 15. Jahrhunderts.

Im 15. Jahrhundert ist ein weiterer Ausbau in Bezug auf Rechte, Land und einen Hof bei Lechenich sowie in Köln zu beobachten (Abb. 5). Worringen stellte in diesem Säkulum einen weiteren Schwerpunkt der Expansion dar. Ferner gab es Käufe in einem größeren Radius wie am Mittelrhein sowie in Nimwegen und Neuss. Auffallend ist, dass nun recht viele Renten und relativ gesehen weniger Land erworben wurden – ein Zeichen für ein defensiveres ökonomisches Gebaren. In der ersten Hälfte des 16. Jahrhunderts wurden die höchsten Werte von Käufen überhaupt erreicht, besonders durch den Erwerb von Renten. Auf eine zeitweise angespanntere wirtschaftliche Situation deuten die Verkäufe von Häusern und Zehnten Ende der 1570er- bis Mitte der 1580er-Jahre hin.

Deutlich wird, dass St. Aposteln sein Kapital vornehmlich in agrarwirtschaftlich genutztes Land investierte und insbesondere mit den Höfen eine solide ökonomische Basis für Einkünfte auch in mittel- und langfristiger Perspektive schuf.

Abb. 4: Schenkungen, Käufe, Verkäufe und Tauschgeschäfte des Stifts St. Aposteln im 13. Jh. (Entwurf: Wolfgang Rosen, Kartografie: LVR-Institut für Landeskunde u. Regionalgeschichte, Bonn)

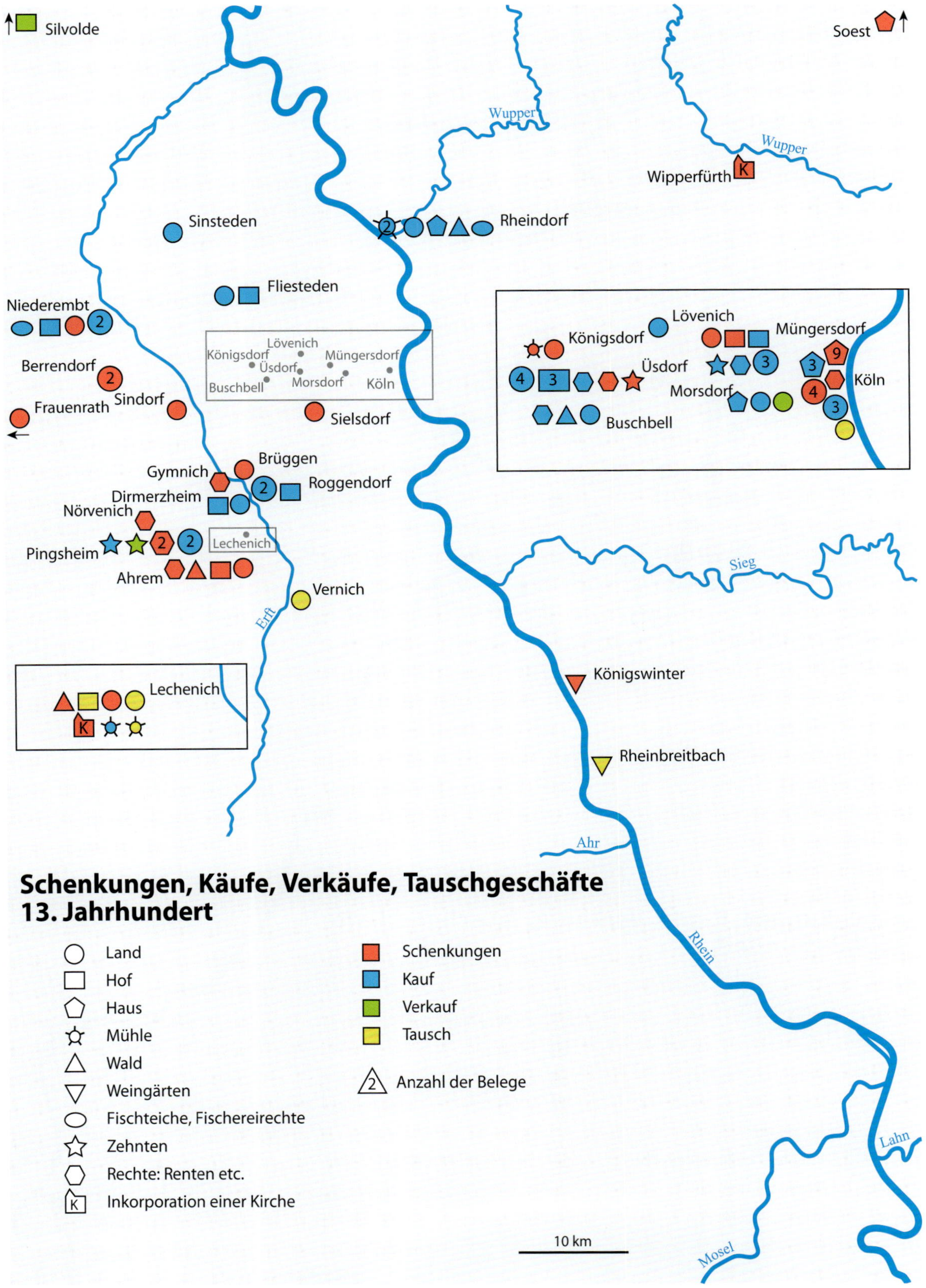

Schenkungen, Käufe, Verkäufe, Tauschgeschäfte 13. Jahrhundert

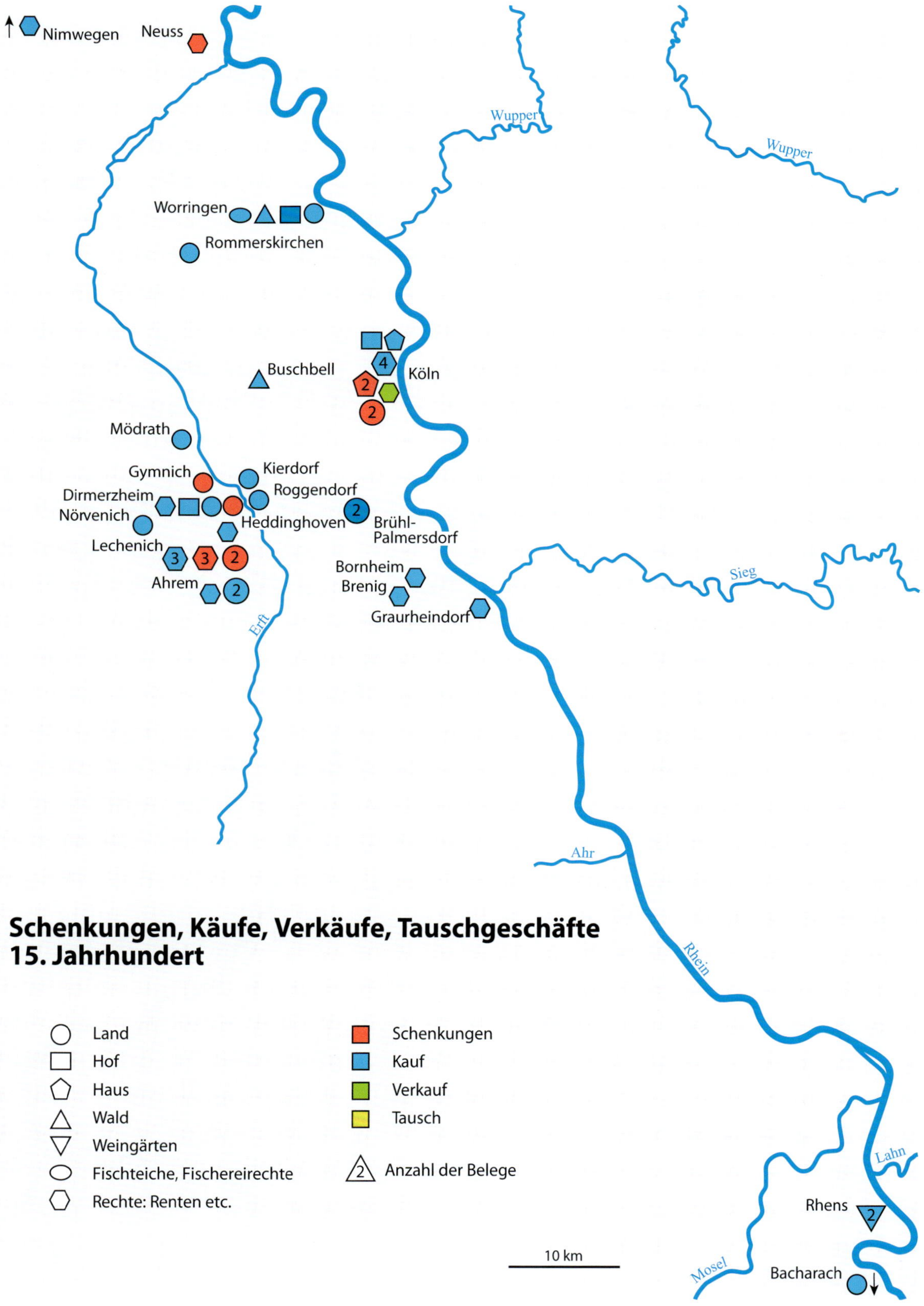

Schenkungen, Käufe, Verkäufe, Tauschgeschäfte 15. Jahrhundert

Pachtverträge als ökonomische Steuerungsinstrumente

Schon allein aufgrund der Aufgaben im Stift sowie der entsprechenden Herkunft und Ausbildung bewirtschafteten die Kanoniker die landwirtschaftlichen Güter in nur wenigen Fällen selbst bzw. hatten einen direkten Verwalter. Vielmehr ließ St. Aposteln die Ländereien bewirtschaften, vor allem in Form von Verpachtungen. Und folglich stellten Verpachtungen von Land, Höfen, Weingärten, Gärten und Häusern zentrale Bereiche der ökonomischen Aktivitäten des Kanonikerstifts dar. Grundsätzlich konnte ein Kontrakt als Erb-, Lebenszeit- oder Zeitpacht angelegt sein. Die Erbpacht wurde überwiegend gewählt, wenn es die Art des Pachtguts selbst nahelegte (vor allem bei Weinbergen und Häusern). Beim Wein war es der lange Kultivierungsrhythmus, der eine Verpachtung über eine Generation hinweg als sinnvoll erscheinen ließ. Wingerte wurden darüber hinaus ganz überwiegend in Teilpacht ausgegeben, wobei das Stift stärker in die Kultivierung (Düngung, Bestellung, Lese) involviert wurde. Das St. Apostelnstift vermochte als Verpächter bei der Teilpacht an Einnahmesteigerungen gleichsam automatisch zu partizipieren. Notwendig war dabei eine Mitsteuerung bei der Bewirtschaftung in Form von Meliorationsbestimmungen. In den 1340er-Jahren tauchten in den Quellen neben den Düngungsvorschriften (Stroh, Mist, Mergel) Bestimmungen auf, die im Rahmen der Dreifelderwirtschaft insgesamt vielfach in Erscheinung traten (Abb. 6).

Im 14. Jahrhundert sind bei den Kultivierungsvorschriften detailliertere Anweisungen zur Pflege der Pachtgüter zu beobachten. Auch im 16. Jahrhundert belegen die zahlreich überlieferten Meliorationsbestimmungen das steigende Interesse der Stiftsherren an einer aktiven Wirtschaftsführung. Noch im 18. Jahrhundert förderte man gezielt Mergelungen mittels Geldzahlungen oder Pachtnachlässen (Remissionen).

Abb. 5: Schenkungen, Käufe, Verkäufe und Tauschgeschäfte des Stifts St. Aposteln im 15. Jh. (Entwurf: Wolfgang Rosen, Kartografie: LVR-Institut für Landeskunde u. Regionalgeschichte, Bonn)

Bis zur zweiten Hälfte des 15. Jahrhunderts bewegten sich Erb-, Lebenszeit- und Zeitpachtverträge in derselben Größenordnung. Ab der zweiten Hälfte dieses Säkulums nahm die Erbpacht als Bewirtschaftungsform kontinuierlich ab; man findet sie im 16. Jahrhundert, abgesehen vom Mittelrhein und Köln, nur noch in wenigen Orten. Überhaupt war die Temporalpacht mittlerweile in fast allen Orten vertreten. Ab den 1450er-Jahren und insbesondere dann im 16. Jahrhundert gab es einen kontinuierlichen und sehr starken Anstieg der auf Zeit abgeschlossenen Pachtverträge. Die deutliche Zunahme der Zeitpachten um 1500 passt gut in die allgemeine – dynamischere – Agrarkonjunktur des 16. Jahrhunderts mit ihren steigenden Getreidepreisen und ihrer größeren Dynamik.[13]

Während bei den Zeitpachtverträgen im 13. Jahrhundert noch relativ kurze Laufzeiten von drei und sechs sowie höchstens zwölf Jahren überwogen, zeigte sich nach 1300 ein Übergang zu längeren Perioden. Im Vordergrund standen dabei sechs, zwölf und 24 Jahre (Abb. 7). Die Zeitpachtverträge umfassten meist Perioden von zwölf Jahren. Man konnte bei dieser Art der Pachtkontrakte eine ganze Reihe von Bedingungen implementieren und entsprechend der jeweiligen wirtschaftlichen Situation modifizieren. Dementsprechend wichtig waren die Ausgestaltung der Pachtverträge, Art und Höhe der Abgaben, Kultivierungsvorschriften, Anbaugebote und -verbote, Vertragslaufzeiten, Kündigungsmöglichkeiten, Remissionsbedingungen, geforderte Bauten und Renovierungen. Die Zeitpacht bot ferner mehr Kontrolloptionen wie überhaupt die Möglichkeit, differenziert vorgeschriebene Bewirtschaftungsanweisungen zu vereinbaren und diese Bestimmungen zeitnäher zu überwachen. Der Verpächter konnte damit leichter und zügiger Änderungen in der Wirtschaftsführung sowie der Abgabenstruktur und -höhe erreichen,

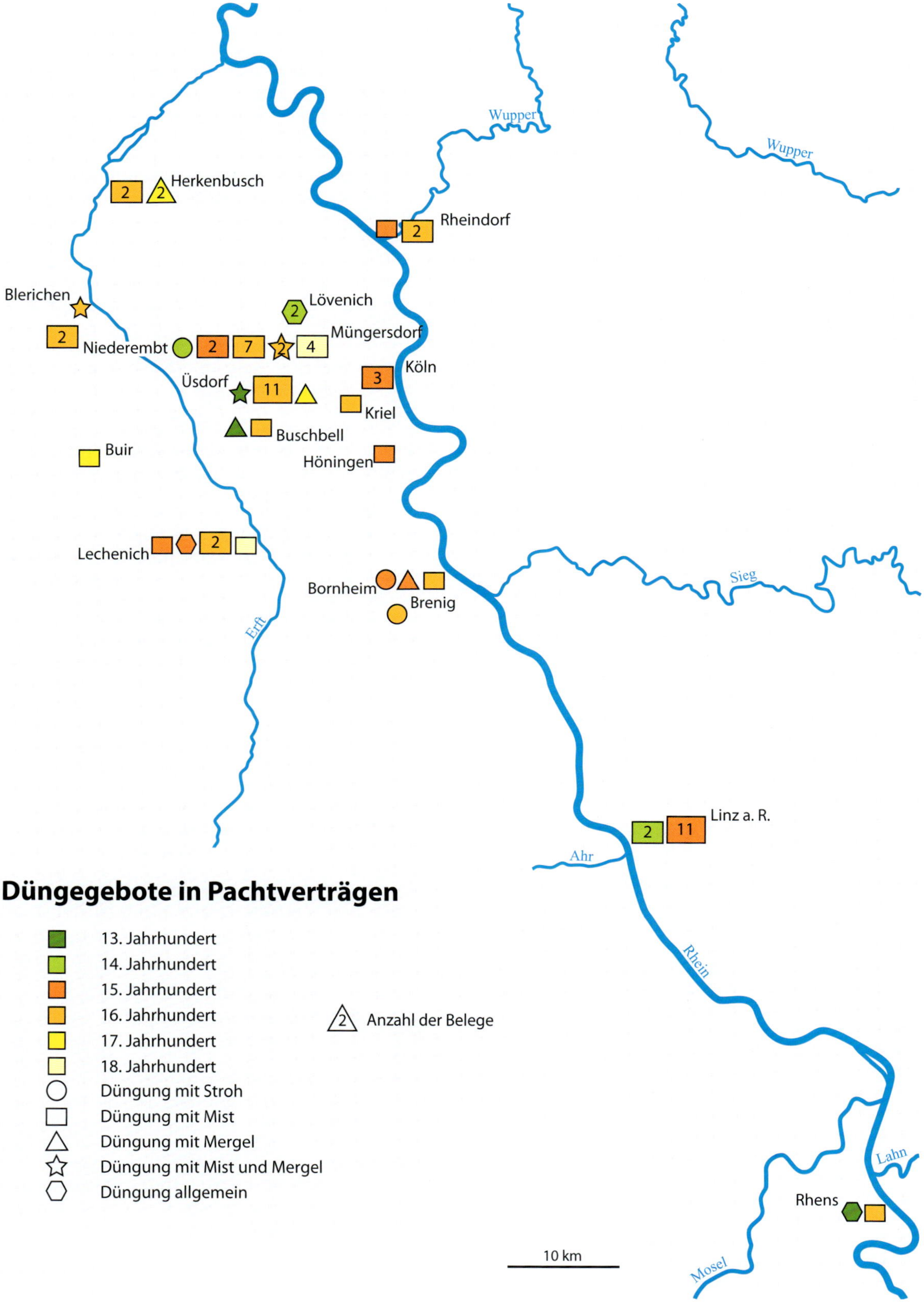

Düngegebote in Pachtverträgen

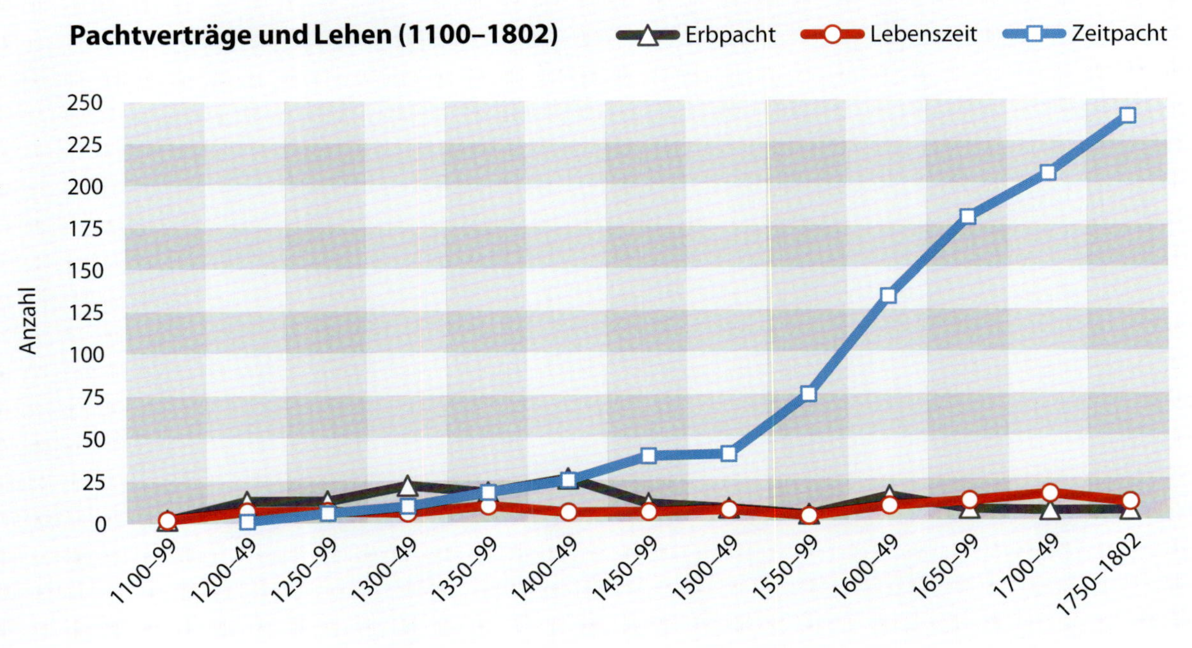

als dies mit Erb- oder Lebenszeitpachtverträgen möglich war. Diese Kontrakte brachten für das Stift den Vorteil mit sich, dass es die Konditionen bei einem Neuabschluss verändern bzw. der Marktlage entsprechend nachjustieren konnte. Sie erleichterten zudem Innovationen. Darüber hinaus vermochten die Zeitpachtkontrakte noch am ehesten Entfremdungs- und Verselbstständigungstendenzen zu begrenzen. Die Zeitpacht ist mithin als Indikator für eine intensiver betriebene und gewinnorientierte Agrarwirtschaft sowie eine aktive Wirtschaftspolitik zu werten. Der älteste Beleg für einen vom St. Apostelnstift abgeschlossenen Zeitpachtvertrag stammt aus dem Jahre 1244 für Land, das vor dem Kölner Weyertor lag (Abb. 8).[14]

Abb. 6 (linke Seite): Düngegebote in Pachtverträgen des Stifts St. Aposteln, 13.–18. Jh. (Entwurf: Wolfgang Rosen, Kartografie: LVR-Institut für Landeskunde u. Regionalgeschichte, Bonn)

Abb 7: Pachtverträge und Lehen des Stifts St. Aposteln, 1100–1802 (Grafik nach einer Vorlage von Wolfgang Rosen, Köln)

Geld als Zeichen der Moderne?

Die Frage, ob das St. Apostelnstift in seiner ökonomischen Ausrichtung eher geld- oder eher naturalwirtschaftlich ausgerichtet war, ist ein wichtiger Indikator zur Beurteilung der ökonomischen Lage und Entwicklung. Denn nur anhand einer solchen Untersuchung kann geprüft werden, ob und in welchem Maße das Stift von Missernten und Geldentwertungen betroffen war und wie es auf diese Herausforderungen reagierte. In vielen Studien und Darstellungen findet man die These, dass es seit dem 12./13. Jahrhundert zu einer Entwicklung von der natural- hin zur geldwirtschaftlichen Ausrichtung gekommen sei. Zudem seien die geistlichen Institute in der Folge dann von inflatorischen Tendenzen getroffen worden und hätten somit einen großen Teil ihres Realeinkommens verloren. Bei diesen Thesen fehlen allerdings systematische Untersuchungen im Hinblick auf die natural- und geldwirtschaftliche Ausrichtung. Daher müssen die jeweiligen Einnahmestrukturen der Wirtschaftseinheiten en détail untersucht werden.

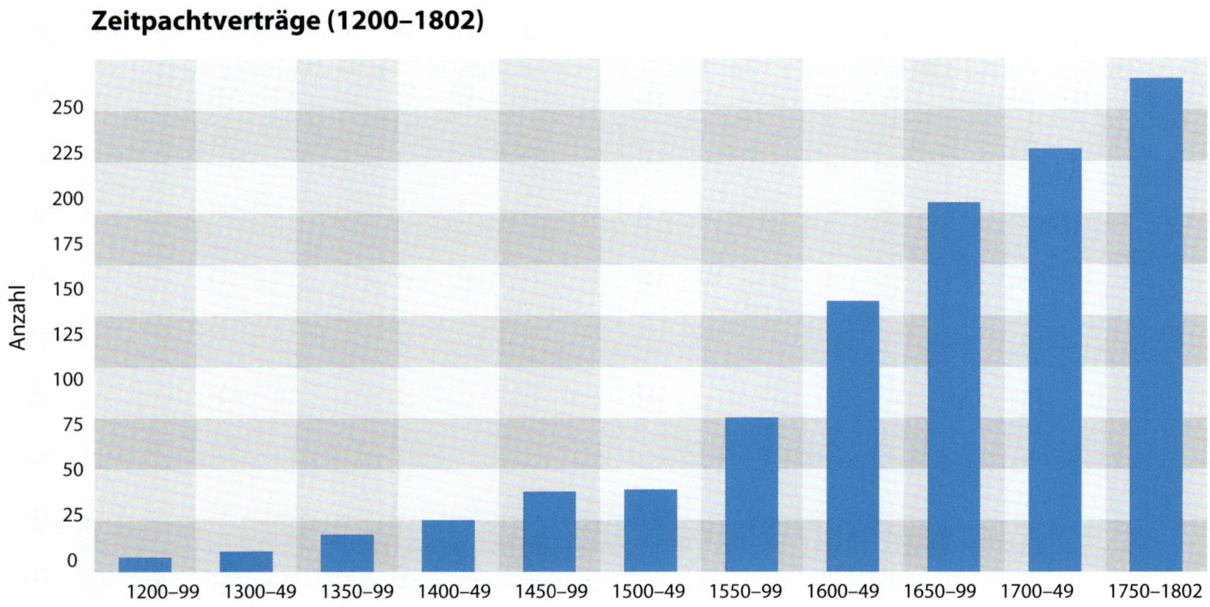
Zeitpachtverträge (1200–1802)
Anzahl
250
225
200
175
150
125
100
75
50
25
0
1200–99
1300–49
1350–99
1400–49
1450–99
1500–49
1550–99
1600–49
1650–99
1700–49
1750–1802

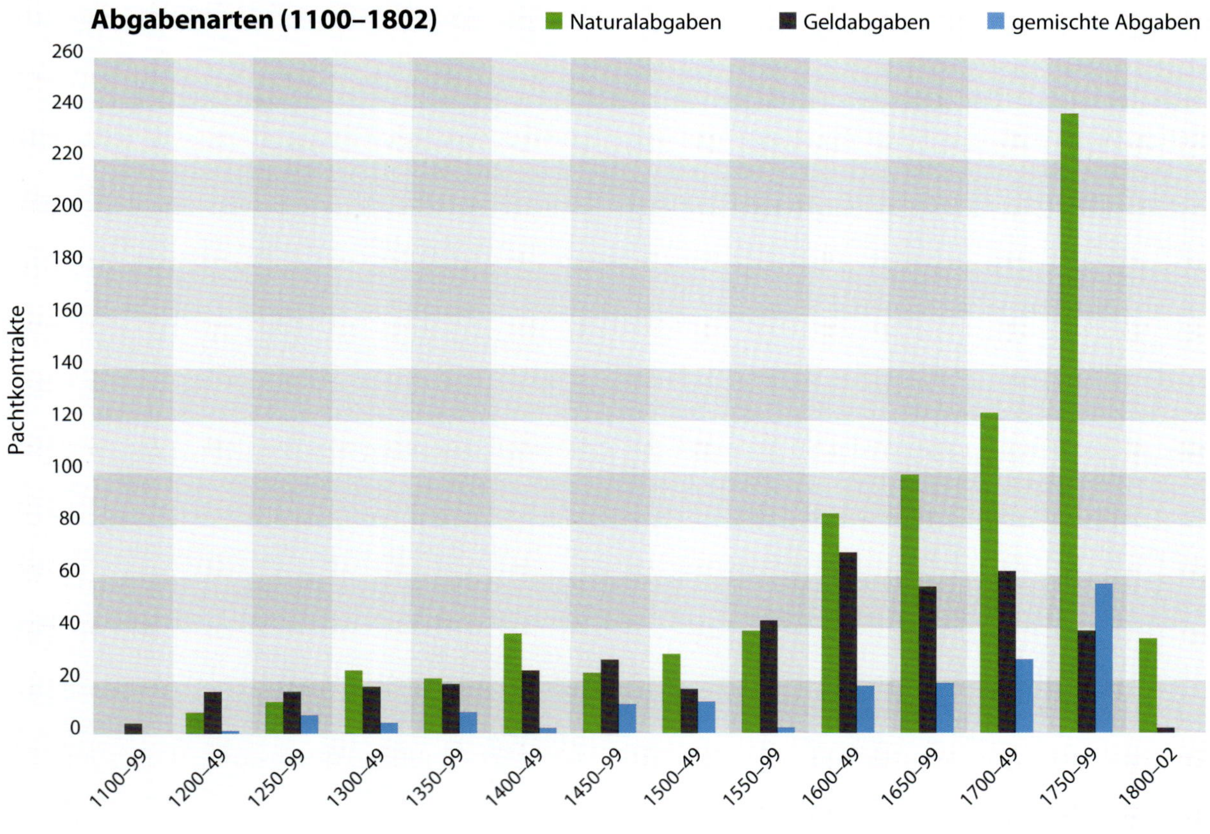
Abgabenarten (1100–1802)
Naturalabgaben
Geldabgaben
gemischte Abgaben
Pachtkontrakte
260
240
220
200
180
160
140
120
100
80
60
40
20
0
1100–99
1200–49
1250–99
1300–49
1350–99
1400–49
1450–99
1500–49
1550–99
1600–49
1650–99
1700–49
1750–99
1800–02

Bei der Betrachtung der Entwicklung der in den Pachtverträgen vereinbarten Natural-, Geld- und gemischten Abgaben von 1100 bis 1802 (Abb. 9) sind folgende Ergebnisse festzuhalten: Die Zahl der überlieferten Pachtkontrakte stieg im Laufe der Jahrhunderte an, insbesondere seit den 1550er-Jahren. In den meisten der zur Analyse gewählten Perioden von 50 Jahren machten die Naturalabgaben den größten Anteil aus: In neun der 14 Zeitabschnitte war diese Abgabenart jeweils am relativ stärksten vertreten. Somit vermochten die Geldabgaben in nur fünf der 14 Untersuchungseinheiten den höchsten Anteil zu erreichen. In der Zeit von 1600 bis 1802 nahmen die Kontrakte, in denen Geldabgaben gefordert wurden, – mit Ausnahme der ersten Hälfte des 18. Jahrhunderts, wo die Anzahl wieder leicht anstieg – insgesamt stetig ab. Damit zeigen diese Zahlen das Gegenteil einer wie auch immer gearteten angeblich steigenden Bedeutung der Geldabgaben. Signifikant ist zudem, dass seit 1550 bis zum Ende des Untersuchungszeitraums die geforderten Mischabgaben, wenngleich auch auf einem eher niedrigen Niveau, kontinuierlich anstiegen; in der Periode von 1750 bis 1799 erfolgte sogar eine Zunahme auf ein recht hohes Niveau, womit sie in dieser Zeit sogar noch die Geldabgaben übertrafen. Festzuhalten ist, dass von 1300 bis zur Auflösung des Stifts die Naturalabgaben über weite Strecken den stärksten relativen Anteil an den Forderungen einnahmen und – mit Ausnahme der Perioden 1100 bis 1299, 1450 bis 1499 und 1550 bis 1599 mit geringfügigem Überwiegen der pekuniären Leistungen – über denen der Geldabgaben lagen. In der zweiten Hälfte des 18. Jahrhunderts kam es fast zu einer Verdopplung der Zahlen der Naturalabgaben im Vergleich zu der davorliegenden Periode. Ein wichtiges Ergebnis dieser Analyse lautet, dass die weithin behauptete Genese von den Natural- hin zu den Geldabgaben beim St. Apostelnstift nicht zutrifft. Vielmehr lief die Entwicklung hier tendenziell sogar umgekehrt. Entsprechend war das Stift gegen inflatorische Tendenzen geschützt.

Abb. 8 (linke Seite oben): Zeitpachtverträge des Stifts St. Aposteln, 1200–1802 (Grafik nach einer Vorlage von Wolfgang Rosen, Köln)

Abb. 9 (linke Seite unten): Abgabenarten des Stifts St. Aposteln, 1100–1802 (Grafik nach einer Vorlage von Wolfgang Rosen, Köln)

Diese Struktur ist nicht nur anhand der Pachtkontrakte zu sehen, sondern vermag auch anhand der Rechnungen bestätigt werden. So zeigt die Grafik, in der für die Zeit am Ende des 17. und zu Beginn des 18. Jahrhunderts die Gesamteinnahmen in Relation zu den Einnahmen aus dem Getreide- und Fruchtverkauf dargestellt sind (Abb. 10), dass ein ganz erheblicher Anteil der Gesamteinnahmen der Kellnerei auf den Einkünften der Getreideverkäufe basierte. Insgesamt beweist der Verlauf die sehr starke Abhängigkeit der Gesamteinnahmen von den Verkäufen an Getreide und sonstigen Feldfrüchten. Die Kellnerei konnte mithin auch noch in dieser Zeit eine erhebliche Menge Getreide für den Verkauf – also den Markt – zur Verfügung stellen.

Diese Analysen zeigen die hohe Relevanz der jeweiligen Anteile der Einkünfte aus dem Verkauf von Feldfrüchten für das St. Apostelnstift. Ferner wird deutlich, dass die Forderungen nach Naturalien auch in der Frühen Neuzeit eine nicht nur starke, sondern tendenziell sogar wachsende Bedeutung auf der normativen Ebene – also der der Pachtverträge – hatten, die zudem auf der realen Ebene ihre Bestätigung findet.

Ergebnis einer gezielten Politik war auch die Vorratshaltung nach Jahren mit guten Ernten und der Verkauf in Zeiten mit schlechteren Ergebnissen. Dadurch konnten die Stiftskassen Vorräte auf den Markt bringen und von den gestiegenen Preisen profitieren. Somit vermochte das Stift mit dazu beizutragen, allgemeine erntebedingte Ausfälle durch seine individuelle Vorratshaltung etwas auszugleichen bzw. den Getreidemangel zu lindern.

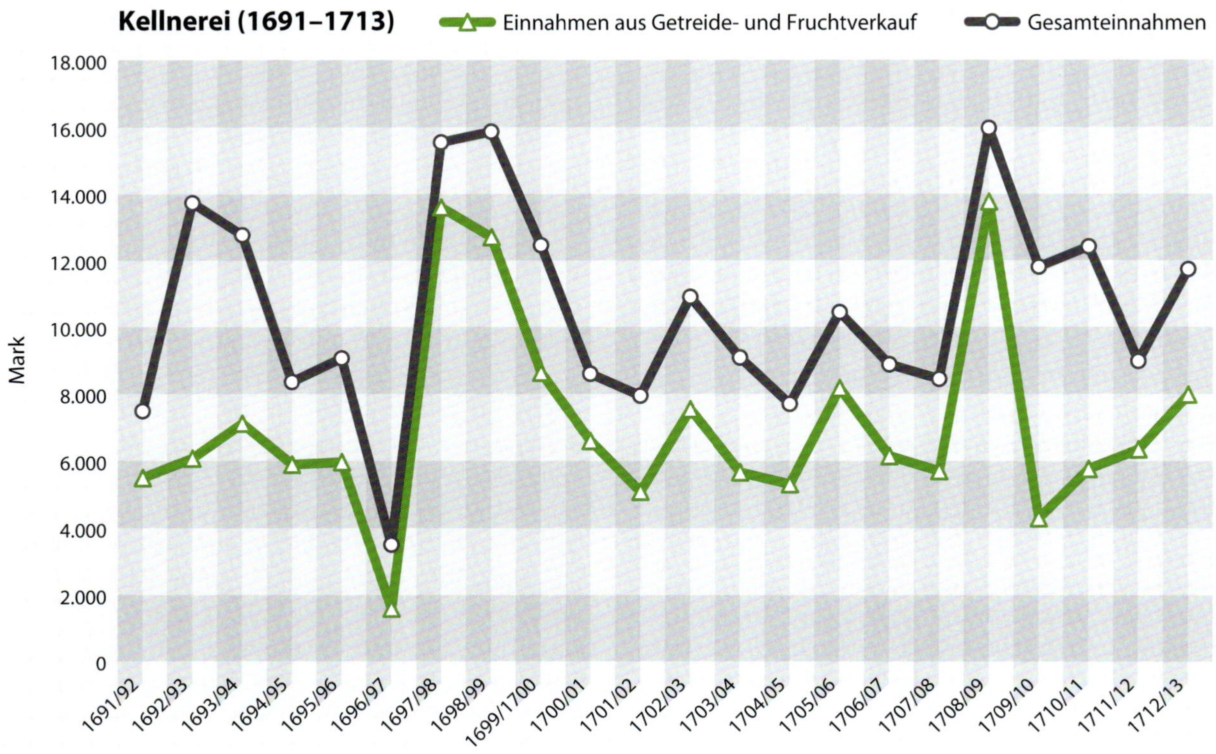
Kellnerei (1691–1713)
Einnahmen aus Getreide- und Fruchtverkauf
Gesamteinnahmen
Mark
18.000
16.000
14.000
12.000
10.000
8.000
6.000
4.000
2.000
0
1691/92
1692/93
1693/94
1694/95
1695/96
1696/97
1697/98
1698/99
1699/1700
1700/01
1701/02
1702/03
1703/04
1704/05
1705/06
1706/07
1707/08
1708/09
1709/10
1710/11
1711/12
1712/13

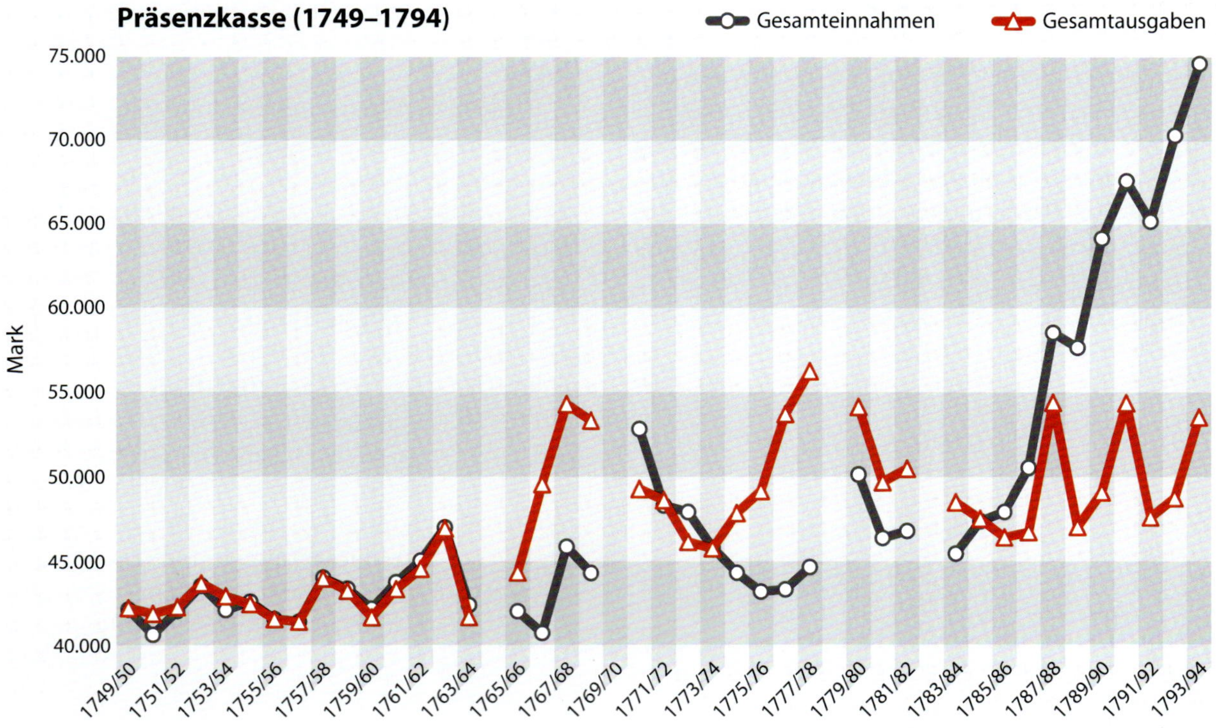
Präsenzkasse (1749–1794)
Gesamteinnahmen
Gesamtausgaben
Mark
75.000
70.000
65.000
60.000
55.000
50.000
45.000
40.000
1749/50
1751/52
1753/54
1755/56
1757/58
1759/60
1761/62
1763/64
1765/66
1767/68
1769/70
1771/72
1773/74
1775/76
1777/78
1779/80
1781/82
1783/84
1785/86
1787/88
1789/90
1791/92
1793/94

Meist orientierten sich Kellner und Präsenzmeister in ihrem Ausgabenverhalten an den Einnahmen und gingen damit einer soliden und nachhaltigen Bewirtschaftung nach. Als ein Beispiel sei in Bezug auf die Agrarwirtschaft das realwirtschaftliche Krisenjahr 1759/60 genannt, in dem es bei allen Getreidearten jeweils einen sehr starken mengenmäßigen Einbruch gab, was jedoch für die Präsenzkasse keine finanziellen Einbußen bedeutete. St. Aposteln konnte vielmehr nun seine Vorräte aus guten Erntejahren auf den Markt bringen und verkaufen, sodass die erntemäßigen Verluste durch diese Geschäfte weitgehend ausgeglichen werden konnten. Dies bestätigt die Stellung des Stifts als Institut mit einer großen Marktquote. In guten Jahren legte St. Aposteln Vorräte an und verringerte somit das Getreideangebot. Auf diese Weise steuerte das Stift einen Anteil zur Stabilisierung der Preise bei. Das eigennützige – ökonomisch sinnvolle – Verhalten des Stifts wirkte sich auf den stadtkölnischen Getreidemarkt positiv aus. Gesamtwirtschaftlich war dieses antizyklische Verhalten positiv, um „die Auswirkungen von Ertragsschwankungen abzupuffern"[15], vermochte das Stift doch auf diese Weise mit dazu beitragen, allgemeine erntebedingte Ausfälle durch seine individuelle Vorratshaltung – jedenfalls tendenziell – etwas auszugleichen bzw. den Getreidemangel zu lindern.

Einnahmen und Ausgaben

Werfen wir in einem weiteren Schritt noch einige Blicke auf die Entwicklung der Gesamteinnahmen und -ausgaben der Präsenzkasse, weil diese für die Beurteilung der jeweiligen ökonomischen Lage ein entscheidender Faktor ist (Abb. 11).

Dabei sind deutlich drei Perioden voneinander zu unterscheiden. Der erste Abschnitt umfasst die Jahre 1749/50 bis 1763/64: In dieser Zeit liefen Einnahmen und Ausgaben weitgehend parallel und vor allem hielten sich die jeweiligen Defizite und Überschüsse in einem sehr engen Rahmen. Diese 15-jährige Periode hatte nur zu Beginn drei Defizitjahre aufzuweisen, ansonsten orientierte man sich im Hinblick auf die Ausgaben sehr stark an den Einnahmen. Lediglich 1754/55 gab es keine Parallelbewegung. Dieser Zustand wandelte sich gründlich in der nächsten Periode (1765/66–1783/84). Mit Ausnahme von drei Jahren (1770/71, 1772/73 und 1773/74) waren alle Jahre durch negative Differenzen gekennzeichnet. Insbesondere von 1773/74 bis 1777/78 stiegen die jährlichen Defizite an, wobei hier die Ausgaben die Einnahmen übertrafen. Die letzte Phase ist demgegenüber durch stark steigende Einnahmenüberschüsse gekennzeichnet. Nach den Defizitjahren konsolidierte der Präsenzmeister also nun konsequent den Haushalt seiner Kasse, indem er die Ausgaben trotz der stark angewachsenen Einnahmen nicht im gleichen Maße steigerte. Damit widerspricht dieser Befund auch der häufig vorgetragenen These vom Niedergang der geistlichen Institute in der zweiten Hälfte des 18. Jahrhunderts. Ferner zeigt sich hieran die starke Konsolidierungsleistung des Stifts.

Für die Einnahmen des Stifts und die Entwicklung der Präsenzkasse war der Getreideverkauf eine wichtige Einnahmequelle; neben den Mengen waren die dabei erzielten Preise entscheidende Faktoren für den wirtschaftlichen Erfolg. Daher stellte sich als eine Grundfrage beim Getreideverkauf für das Stift immer, welchen Preis es zu erzielen vermochte. Aus diesem Grund sind hier für den Zeitraum von 1561/62–1580/81 die von St. Aposteln realisierten Verkaufspreise für Weizen in Relation zu den Kölner Marktpreisen gesetzt (Abb. 12). Die vom Stift erreichten Werte für Weizen scheinen sich insgesamt weitgehend parallel zu den Kölner Marktpreisen entwickelt

Abb. 10 (linke Seite oben): Einnahmen aus Getreideverkauf und Gesamteinnahmen der Kellnerei des Stifts St. Aposteln, 1691–1713 (Grafik nach einer Vorlage von Wolfgang Rosen, Köln)

Abb. 11 (linke Seite unten): Gesamteinnahmen und -ausgaben der Präsenzkasse des Stifts St. Aposteln, 1749/50–1793/94 (Grafik nach einer Vorlage von Wolfgang Rosen, Köln)

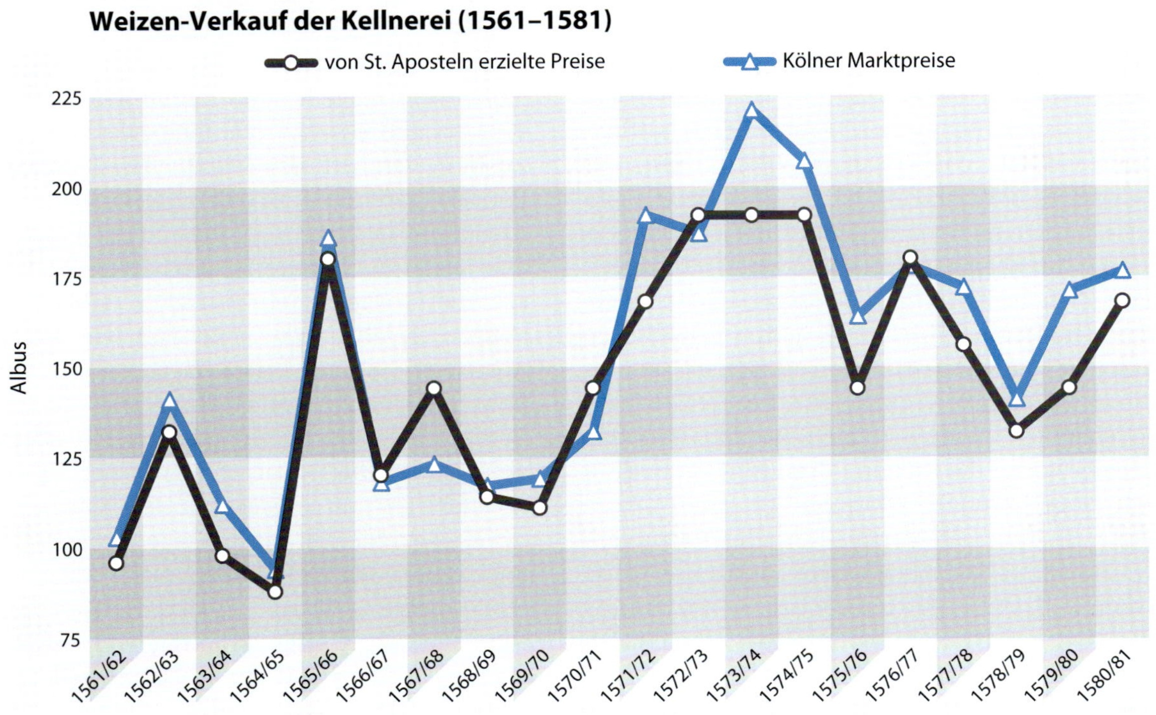

zu haben, denn überwiegend verlaufen beide Kurven ohne größere Differenzen. In den meisten Jahren befand sich der von St. Aposteln jeweils realisierte Preis unter dem Kölner Marktpreis, die jeweiligen Differenzen zwischen den beiden Preisen waren jedoch eher gering. In fünf von 20 Jahren (1566/67, 1567/68, 1570/71, 1572/73, 1576/77) lagen die vom Stift erzielten Preise sogar über den Kölner Marktpreisen. Die größten negativen Abweichungen aus der Perspektive des Stifts lagen in den Jahren 1573/74, 1579/80 und 1571/72. Ein möglicher Faktor für die niedrigen Preise könnte sein, dass es in dieser Zeit eine starke Senkung der allgemeinen Weizenpreise gab und das Stift dieser Preisentwicklung vorgriff – sie also gleichsam antizipiert hatte. Es bot womöglich den Weizen in dieser Zeit günstiger als die allgemeinen Marktpreise an, um seine Vorräte besser veräußern zu können. Eine weitere Erklärung dafür, dass in 15 Jahren die vom Stift erzielten Preise unter den allgemeinen Marktpreisen und nur in fünf Jahren darüber lagen, könnte möglicherweise auch karitativer Art gewesen sein. Und tatsächlich waren die Jahre 1573/74[16] und 1579/80 mit den größten Negativdifferenzen bezogen auf den Durchschnittspreis charakterisiert durch witterungsbedingte Missernten[17] und Ausfälle aufgrund kriegerischer Ereignisse. Insofern trifft hier die These von der größeren Rücksichtnahme eines geistlichen Instituts als Getreideverkäufer gegenüber den Käufern bzw. Konsumenten zu.

Finanzmanagement

Die Stiftsökonomie musste verwaltet und gesteuert werden. Einen zentralen Punkt stellte hierbei die Rechnungslegung dar. In organisatorischer Hinsicht bedeutete die 1254 initiierte Teilung von Kapitels- und Propstvermögen einen wichtigen Einschnitt für die Institutswirtschaft. Denn hierdurch vermochte das Kapitel zusammen mit dem Dekan die Stiftsökonomie fortan ohne den bestimmenden Einfluss des Propstes zu steuern.

Die Wirtschaftsführung von St. Aposteln war somit auf eine breitere Basis gestellt, das Kapitel und die mit der Entwicklung der ökonomischen Steuerung jeweils betrauten Amtsträger erhielten mehr Gestaltungsmöglichkeiten.

Abb. 12 (linke Seite): Von St. Aposteln erzielte Weizenpreise im Vergleich zu Kölner Marktpreisen, 1561/62–1580/81 (Grafik nach einer Vorlage von Wolfgang Rosen, Köln)

Abb. 13: Zahlungsflüsse aller Kassen des Stifts St. Aposteln (Grafik nach einer Vorlage von Wolfgang Rosen, Köln)

Im St. Apostelnstift existierte – wie auch bei vielen anderen geistlichen Instituten – kein Gesamthaushalt, der eine Übersicht hätte ermöglichen können. Die Rechnungen und vor allem das Kassenwesen mit den verschiedenen Stiftskassen wirken auf uns oft nicht leicht zu durchschauen, ja schon verwirrend. Die Kellnerei- und die Präsenzamtskasse waren die großen und zentralen Kassen von St. Aposteln, kleinere Kassen stellten das Neue Amt, die Fabrik-, Thesaurie-, Archiv-Propstei-, Orgel- und Brandkasse dar. Einige Bezeichnungen weisen auf die jeweiligen Zwecke

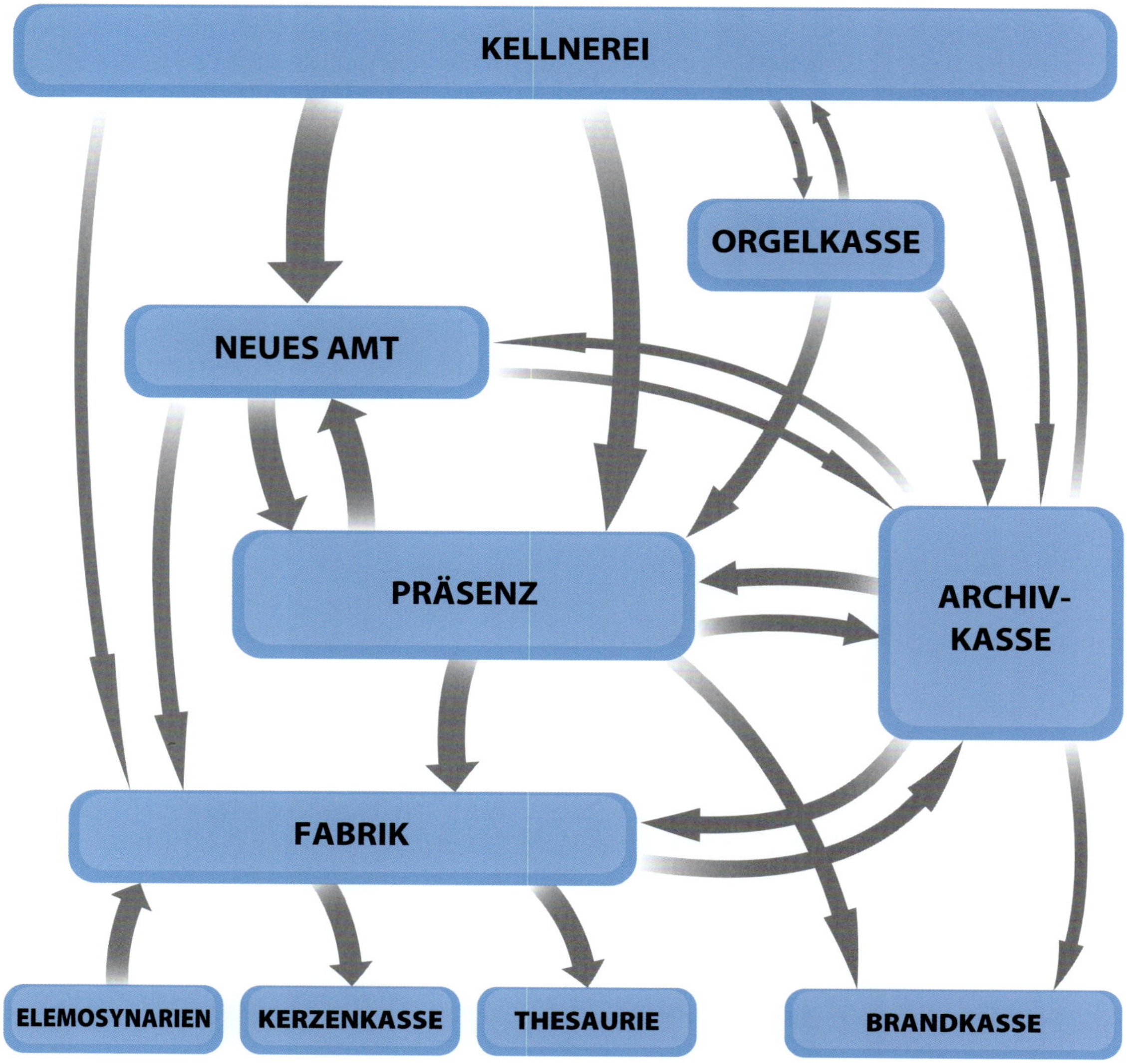

hin (Brand, Fabrik, Orgel, Thesauri, Propstei), bei den anderen gab es eine ganze Reihe von Aufgaben, die im Laufe der Zeit auch noch wechseln konnten.

Um einen kleinen Eindruck in die Finanzflüsse der unterschiedlichen Stiftskassen zu erhalten, mag das vorangegangene Schaubild weiterhelfen (Abb. 13): Es zeigt die wichtigsten Grundzüge der Zahlungsflüsse der Stiftskassen des St. Apostelnstifts.[18] Die Leistungsströme liefen häufig über mehrere andere Kassenstationen, flossen dabei jedoch auch nicht immer in eine Richtung, sondern bei sechs Kassen gab es sowohl Zu- als auch Abgänge, wenngleich diese nicht immer gleichgewichtig ausfielen. Das Schaubild spiegelt auch die Unübersichtlichkeit wider, welche das stiftische Kassenwesen insgesamt charakterisiert, also die Um- und Mischfinanzierungen sowie den Durchlauf von Geldern durch andere Kassen, ehe sie beim eigentlichen Empfänger ankamen.

Dennoch erfüllten die detaillierten und durchaus systematisch strukturierten Rechnungen, die für die einzelnen Kassen erstellt wurden, die Bedürfnisse der Zeitgenossen nach einer Übersicht über die ökonomische Situation des Stifts und in gewissem Maße auch nach rationaler Planung und Kontrolle.

Nachhaltige Wirtschaftspolitik

Ein wichtiger Aspekt bei der Betrachtung der Ökonomie des St. Apostelnstifts stellt die Analyse der von den Kanonikern betriebenen allgemeinen Wirtschaftspolitik dar. Hierbei ist besonderes Augenmerk auf die Frage zu legen, ob sich die Kapitelsherren eher passiv – im Sinne eines, allerdings meist nicht näher spezifizierten Rentendenkens – verhielten oder ob sie sich – gerade nach der weitgehenden Aufgabe der Eigenwirtschaft – weiter aktiv an der Gestaltung der Wirtschaftsführung beteiligten. Verpachtungen von Gütern durch die geistlichen Institute, und hier besonders früh durch die Stifte, wurden in der Forschung lange als rentenwirtschaftliches – also letztlich als ökonomisch tendenziell passives – Handeln negativ charakterisiert. Waren das Stift mithin lediglich noch Empfänger von Abgaben und die Kanoniker Bezieher von Pfründen oder griff das Institut selbst in die Steuerung der Ökonomie ein? Waren die Kapitelsmitglieder in die Wirtschaftsführung (noch) involviert? Wieweit steuerte das Stift in seiner Funktion als Grundherr im Rahmen der Pachtwirtschaft auch weiterhin die ländliche Produktion?

Es wurden ja bereits einige Bereiche des ökonomischen Stiftslebens vorgestellt, woraus zu ersehen ist, dass St. Aposteln eine ganze Reihe von Möglichkeiten zur Verfügung stand, seine Wirtschaftspolitik aktiv zu gestalten. Ein zentraler Bereich war die Agrarwirtschaft mit der Ausgestaltung der Pachtkontrakte sowie der Remissionspolitik. Diese stellten vielseitige und flexible ökonomische Steuerungsinstrumente dar. Ein weiterer Punkt war die Erwerbspolitik, also die Frage, ob man eine offensive oder defensive Güterstrategie betrieb und wann und in welchen Gegenden man Land, Höfe (Abb. 14) und Häuser erwarb oder veräußerte. Ferner ist zu schauen, wann und an wen das Stift Kredite vergab bzw. selbst welche aufnehmen musste und für welche Zwecke dies geschah. Soweit erkennbar, wurden die Kredite ganz überwiegend investiv und weniger für Umschuldungen verwendet.

Der Übergang von der Betriebs- zur Rentengrundherrschaft, d. h. der Verzicht auf Eigenbewirtschaftung und die anschließende Verpachtung der Güter, führte meist sogar noch zu einer Intensivierung der Bewirtschaftung. Das Stift zog nicht nur Einkünfte aus den Pachtgütern, sondern investierte zudem in erheblichem Maße Arbeit, Zeit und Geld in diesen Sektor. Auch nach der weitgehenden Aufgabe der Eigenwirtschaft engagierte sich St. Aposteln noch aktiv in der Verwaltung und Steuerung der Institutsökonomie und verhielt sich nicht als passiver Bezieher von Renteneinkommen. Hierbei konnte das Stift darüber hinaus Hilfestellungen in Form von Material, Arbeitskräften, Krediten, direkten Zuschüssen oder Abgabennachlässen gewähren. Die detaillierten Vorschriften zeigen ferner, wie sehr die Kanoniker sich mit ökonomischen Fragen beschäftigten und wohl auch in der Lage waren, diese rational und fachkundig zu behandeln. Daneben sind die zahlreichen Aktivitäten im Bereich der praktisch-operationalen Durchführung zu beachten, also der Überwachung und Kontrolle der Pacht- und Bewirtschaftungsbestimmungen. Ferner war der Abschluss von Pachtverträgen nicht nur die Angelegenheit von einer Person bzw. einigen bestimmten Amtsträgern wie Dekan, Kellner, Präsenzmeister oder Kämmerer, sondern wurde dem gesamten Kapitel mitgeteilt und dort bei Bedarf diskutiert. Darüber hinaus ist an die zahlreichen Aktivitäten im Rahmen der Bewirtschaftung zu denken, also die Kontrollfahrten zu den Pachtgütern sowie die Begutachtung und Beschreibung von Gütern.

Die Erwerbspolitik war durchaus offensiv gestaltet, etwa in Form von gezielten Besitzerweiterungen, Arrondierungen oder Tauschgeschäften. Das Stift handelte zudem ökonomisch gesehen nachhaltig, etwa weil es beispielsweise den Waidanbau begrenzte oder Gewanne aus der Bewirtschaftung zeitweise herausnahm; nicht die kurzfristigen Gewinne, die mit einer forcierten Kultivierung verbunden gewesen wären, hatte es dabei im Blick, sondern vielmehr die

Abb. 14: Ehemaliger Marien- bzw. Liebfrauenhof des St. Apostelnstifts im heutigen Zustand, Köln-Müngersdorf, Wendelinstraße 67 (Foto: Wolfgang Rosen, Köln)

mittel- und langfristige Ertragssicherung seiner Pachtgüter. Dem Stift stand hierfür eine Reihe von Möglichkeiten zur Verfügung, mit deren Hilfe es seine Wirtschaftspolitik aktiv zu gestalten und das Verhalten der Pächter gezielt zu steuern vermochte.

Die Ökonomie des Kölner St. Apostelnstifts kann insgesamt nicht als passiv-rentenwirtschaftlich im Sinne eines Klöstern und Stiften in der Literatur häufig unterstellten „Rentendenkens", charakterisiert, sondern muss als aktiv lenkend, engagiert und weitgehend rational angesehen werden. Das Stift war keinesfalls eine rein materielle Versorgungsanstalt.

Langfristige und nachhaltige Ökonomie von St. Aposteln

Wie lassen sich nun die in den vorangegangenen Abschnitten gemachten Betrachtungen in aller Kürze insgesamt bewerten? Aufgrund der durchgeführten Untersuchungen kann man tendenziell davon ausgehen, dass weder eine reine Subsistenzwirtschaft („l'économie de subsistance"[19]) noch eine stringente Gewinnmaximierung existierte. Insbesondere gab es keine auf kurzfristigen finanziellen Erfolg angelegte Strategie mit dem Ziel, möglichst viel zu erwirtschaften. Vielmehr bemühte sich das Stift, im Rahmen seiner eigenen Potenziale und angesichts der externen Rahmenbedingungen, mittel- und langfristig ökonomisch klug und nachhaltig zu handeln. Als ein wichtiges Charakteristikum, das es herauszustellen gilt, kann man eine auf mittel- und langfristige Perspektive hinzielende solide Wirtschaftspolitik beobachten – also eine auf Nachhaltigkeit ausgerichtete Verhaltensweise.

Entgegen der in der zeitgenössischen wie im Nachhinein auch in der wissenschaftlichen Literatur oftmals geäußerten These von den maroden Klöstern und Stiften, die auch ohne die staatliche Säkularisation ohnedies nicht überlebt hätten, ist aus ökonomischer Sicht zu sagen, dass diese noch sehr viel länger hätten weiter existieren können und insofern die Säkularisation eben nicht die logische Folge einer linearen Entwicklung in der Frühen Neuzeit war. Bei allen Niedergangs- bzw. Krisentheorien bleibt es doch erstaunlich, dass die Kollegiatstifte sich in ihrer überwiegenden Zahl bis zum Beginn des 19. Jahrhunderts halten konnten. Nicht aufgrund eigener Schwäche, sondern durch die staatliche Aufhebung wurde ihre Existenz beendet.

Folgen des nachhaltigen Wirtschaftens der Kanoniker von St. Aposteln können wir noch heute sehen. Der imposante Bau – gleichwohl auch nach Kriegszerstörungen in weiten Teilen auf der ursprünglichen Anlage fußend – und die wertvolle Ausstattung – auch wenn nicht mehr alles vor Ort – stellen handgreifliche Zeugnisse und Spiegel für das jahrhundertelange kluge Handeln der Stiftsherren dar. Denn nur durch eine langfristig erfolgreiche materielle Fundierung und Sicherung konnten diese Aufwendungen und Anschaffungen erfolgen. Nach der Aufhebung des Stifts im Jahre 1802 stand nunmehr die Pfarrgemeinde vor diesen Herausforderungen – ökonomische Aufgaben, vor die nun gleichsam die gesamte Stadtgesellschaft gestellt ist, will sie das überaus reiche und einmalige kulturelle Erbe erhalten und für die folgenden Generationen bewahren – eine Verpflichtung, vor der wir alle gestellt sind.

1 Dieser Beitrag beruht auf der Studie des Autors über das St. Apostelnstift: Rosen 2016; diese Studie ist detailliert gegliedert und mit einem Register versehen. Auf Einzelnachweise oder Kapitelhinweise kann daher im Folgenden verzichtet werden.
2 Scheler 1992, S. 2.
3 Kehnel 2007, S. 272.
4 Hegel 1979, S. 167.
5 Erst 1236 sind 40 Kanonikate nachzuweisen, 1580 wurde diese Zahl von Papst Gregor XIII. auf 30 reduziert.
6 Berger 2011, S. 15.
7 Der Anteil des in Köln vermahlenen Brotgetreides, das von der Geistlichkeit verkauft wurde, wird auf ca. 25–30 % geschätzt, also ca. 15.000–17.000 ml; Gechter 1983, S. 130.
8 Huiskes 1996, S. 44, 59.
9 Die Anteile der Stifte und Klöster erreichten in den 30er-Jahren des 16. Jahrhunderts zeitweilig 40–50 % am kommunalen Kölner Schuldenbudget, um 1700 lag der Anteil noch bei 27 %; von Looz-Corswarem 1978, S. 312ff.; Rosen 2000, S. 288.
10 Aufgabe des wissenschaftlichen Großunternehmens der „Germania Sacra" ist die historisch-statistische Darstellung der deutschen Bistümer, Domkapitel, Kollegiat- und Pfarrkirchen, Klöster und der sonstigen kirchlichen Institute; der Aufbau der Bände zu den geistlichen Instituten ist immer gleich und fragt bestimmte Tatsachen und Ereignisse ab; vgl. Germania Sacra 1994, S. 45–55.
11 Rosen 1995, S. 59.
12 Rosen 1995, S. 59f.
13 Reinicke 1989, S. 124.
14 HASK, Bestand St. Aposteln, Urkunde 1/31; Bestand St. Aposteln, Repertorien und Handschriften 2, fol. 252v–253r.
15 Pfister 2001, S. 28.
16 Von 1572 auf 1573 war der Kölner Weizenpreis von 186,75 auf 221,5 Albus gestiegen; Irsigler 1975, S. 522.
17 Möglicherweise zeichneten hier v. a. Missernten mitverantwortlich, denn der Winter 1572/73 zählt zu den „außergewöhnlichen Rekordwintern", der Sommer war nass, unfruchtbar und kühl – es war eines der kältesten Jahre des gesamten 16. Jahrhunderts; Glaser 2001, S. 121.
18 Dabei bildet die Breite der Pfeile nicht die Größe der jeweiligen Zahlungsströme ab. Auch die Größen der Kästen sind kein Abbild des jeweiligen Kassenvolumens.
19 Bordeaux 1969, S. 9.

Von großer Wirkung

Rezeption und Datierung des Trikonchos, des Langhausumbaus und Westquerhauses von St. Aposteln

Cornelius Hopp

Unter den Sakralbauten aus der Zeit um 1200 besitzt St. Aposteln in Köln eine seit Langem anerkannte, herausragende Stellung – und die weitreichendste künstlerische Nachfolge. Diese Rezeption ist in ihrer Tragweite bisher nicht in vollem Umfang erkannt und daher auch nicht gebührend gewürdigt worden. Schon früh richtete sich das wissenschaftliche Interesse auf den Dreikonchenbau und die nachträglich eingebrachte Wölbung des Langhauses.[1] Denn hier zeigen sich Konstruktionsprinzipien wie das zweischalige Mauerwerk mit Laufgang und die sechsteilige Rippenwölbung, die sich beide im Norden Frankreichs deutlich früher nachweisen lassen, für die kölnisch-niederrheinische Architektur in der ersten Hälfte des 13. Jahrhunderts prägend wurden und deren Vermittlung kontrovers diskutiert wurde. Nur so wird verständlich, warum mit der 1992 publizierten Dissertation von Gottfried Stracke zwar eine fulminante Monografie vorliegt, die sich aber vor allem auf das Herauspräparieren des Gründungsbaus des frühen 11. Jahrhunderts und dessen Unterscheidung von den Überformungen des 12. und 13. Jahrhunderts konzentriert.[2] Dabei wurde auf eine erneute Untersuchung des Dreikonchenbaus verzichtet

Abb. 1: Köln, St. Aposteln, Ansicht von Nordosten (Foto: Christoph Kraneburg, Köln)

und die Voraussetzungen einer Einordnung der nachträglichen Einwölbung des 13. Jahrhunderts angesichts der Rekonstruktion der Gewölbe im 19. Jahrhundert kritisch hinterfragt.[3] Erst Michael Overdick hat beide Aspekte 1999 und 2005 wieder stärker thematisiert und mit neuen Fragestellungen aktualisiert.[4]

So gilt die relative Chronologie der Bauabfolge als gesichert: Der Erzbischof Pilgrim (amt. 1021–1036) mit der Einrichtung eines Kanonikerstifts zugeschriebene Bau ersetzte eine ältere Apostelkirche. Die doppelchörige Anlage mit dreischiffigem Langhaus entstand als Pfeilerbasilika mit gerade geschlossenem Sanktuarium im Osten und einem Querhaus und Altarraum im Westen, der von zwei kleinen Winkelbauten auf quadratischem Grundriss flankiert wurde. Seit dem 12. Jahrhundert erfolgten sukzessive Umbaumaßnahmen: um 1160/70 Neubau des Westbaus unter Einbeziehung und Erweiterung der älteren Krypta sowie Neugestaltung des Chores, nun mit großem Mittelturm und zwei kleineren Treppentürmen jeweils auf rundem Grundriss, mutmaßlich nach einem Brand 1192/93 die Errichtung des Trikonchos bis 1200, in diesem Zusammenhang die Aufstockung des Westturmes und anschließend die Einwölbung des Langhauses bis 1219 sowie zwischen 1220 und 1225/30 des westlichen Querhauses mit dem Vierungsbereich.

Abb. 2: Köln, St. Aposteln, Längsschnitt, Zustand 1916 (Repro: Ewald/Rathgens 1916, Tafel XIII)

Abb. 3 (rechte Seite): Köln, St. Aposteln, Vierung und Ostkonche, 1950–1960 (Foto: RBA Köln, rba_100056)

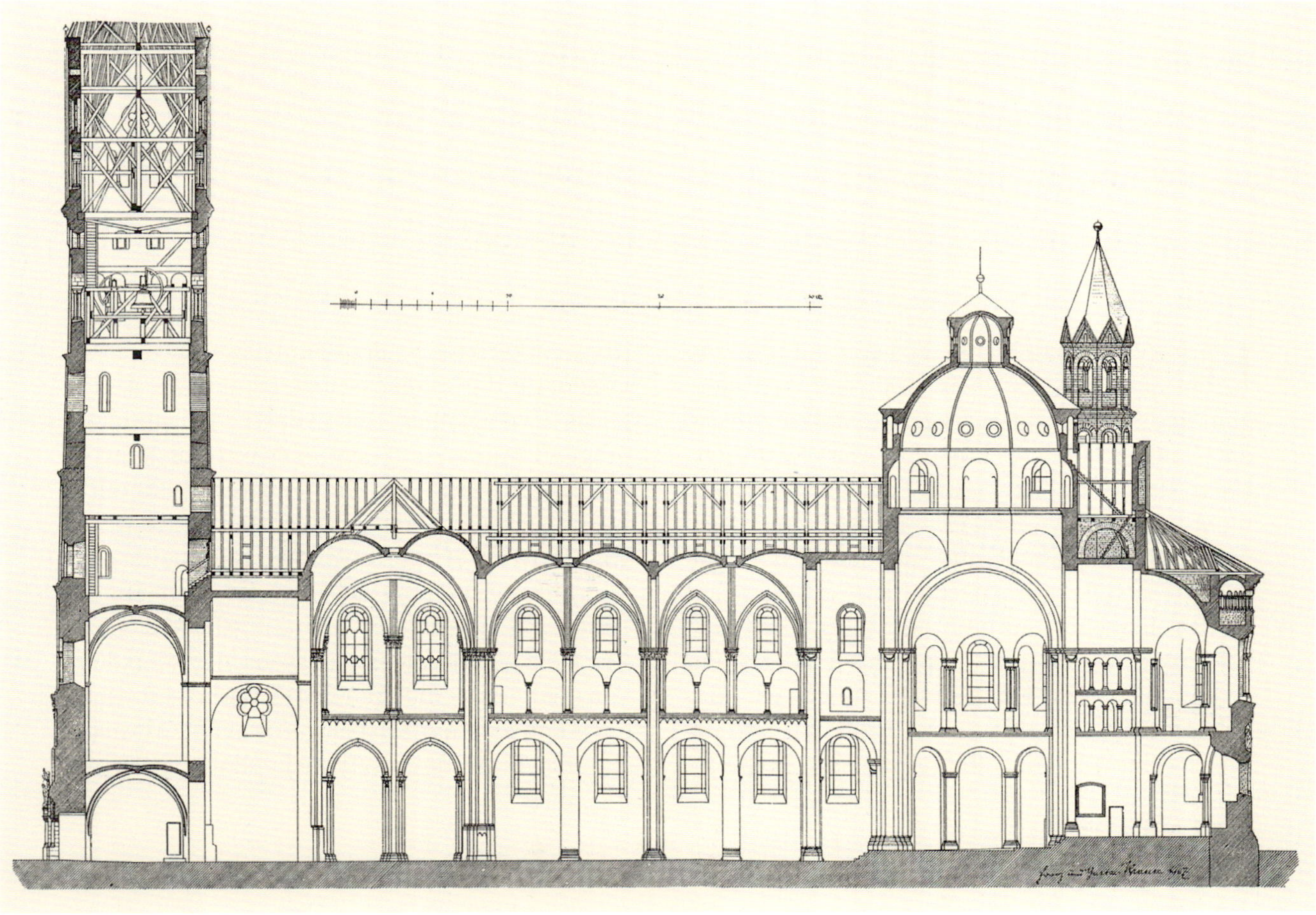

Der Trikonchos

Den Mittelpunkt des Dreikonchenbaus bildet im Inneren die ausgeschiedene Vierung, deren Pfeiler mit Dreiviertelsäulen als Vorlagen versehen sind und Würfelkapitelle tragen (Abb. 2–3). Um diese herum gruppieren sich nach Osten, Norden und Süden schmale tonnengewölbte Zwischenjoche, an die auf halbkreisförmigem Grundriss die gewölbten Konchen anschließen. Während der dreiachsige Aufriss dort zweigeschossig angelegt ist, sind die Zwischenjoche oberhalb des ersten Geschossgesimses mit einer doppelten Anordnung von je vier Arkaden zu insgesamt drei Geschossen gesteigert. Den oberen Raumabschluss bildet über der Vierung eine achteckige Kuppel mit kleiner Laterne – einst mit einem Laufgang im Inneren des Tambours versehen. In Hinblick auf Details ist die Bauskulptur der kleinen Säulchen und Pfeiler durch vegetabilischen Schmuck belebt, tendenziell kelchförmige Kapitelle sind mit Stängeln und Blattranken verziert. Markant sind die Pfeiler im Obergeschoss der Konchen, die eigentlich als Rest der weitgehend aufgelösten inneren Wandschale anzusehen und mit eingestellten Doppelsäulen ausgezeichnet worden sind. Aufgrund des begrenzten Umfanges des Beitrages soll auf eine Analyse des Außenbaus sowie eine Herleitung des Trikonchos verzichtet werden.[5]

Zur Einordnung ist zunächst auf den Westbau von St. Georg zu verweisen, wo sich eine verwandte architektonische Grundauffassung abzeichnet. Für die Datierung ist eine für 1188 überlieferte Stiftung einer Anniversarmesse als *terminus ante quem* herangezogen und daraus ein Beginn der Bautätigkeit um 1180 abgeleitet worden,[6] der anhand stilkritischer Vergleiche durchaus überzeugend erscheint. Auf quadratischem Grundriss erhebt sich im Westbau von St. Georg ein zweigeschossiger Raum, der durch die Gliederung der Umfassungswände wie ein in die Fläche projizierter Dreikonchenbau erscheint (Abb. 4). Das ist, ungeachtet deutlicher Bezüge zu Westbauten der späten Ottonenzeit, auch die schlüssigste Herleitung, die – von der jüngeren Forschung häufig unbeachtet – Werner Meyer-Barkhausen bereits 1952 in Hinblick auf den Ostbau von Groß St. Martin (Weihe 1172) formuliert hat.[7] Gemeinsam ist der Georgs- wie der Apostelkirche im Aufriss – neben der strukturellen Durchbildung mit zwei Geschossen zu je drei Achsen unter einem Bogenlauf – das Aushöhlen der Mauermassen. Dies artikuliert sich in den Muldennischen im Erdgeschoss und setzt sich im Obergeschoss mit der Durchbrechung der Zwickelflächen zu einem umlaufenden schmalen Gang konsequent fort. Zudem weisen insbesondere die kelchförmigen Blattstängelkapitelle auf den eingestellten Säulchen im Obergeschoss Parallelen auf.[8] Zwar könnten diese in St. Aposteln ausweislich der einst verputzten Wandflächen hinter den Säulen nachträglich eingefügt sein, doch überzeugt deren späte Datierung (um 1200/05), also Jahre nach der eigentlichen Fertigstellung, nicht. Wenn man hierbei als Argument der Zeitstellung des Trikonchos der Apostelkirche gegen 1200 folgte, sollte damit dessen Datierung überdacht werden.

In Nachfolge zu St. Aposteln steht der Westchor von St. Viktor in Xanten (Weihe 1213), der aufgrund des bereits um 1190 angenommenen Baubeginns lange Zeit mehr mit St. Georg und den maasländischen Westchorhallen in Verbindung gebracht wurde.[9] Der zweigeschossige Wandaufriss zeigt breite Muldennischen im Erdgeschoss und tief eingeschnittene Fenster im Obergeschoss, deren ‚Rahmungen' zum Innenraum geweitet und mit einem umlaufenden Gang durchbrochen sind (Abb. 5). Die mit eingelegten Rundstäben versehenen Bogen ruhen auf seitlichen Säulchen und mittig angeordneten Doppelsäulen, die zur Ausbildung der charakteristischen Kompositpfeiler führen und so die Fenster in den Wandaufriss einbinden. Alle drei Joche weisen in die Ecken eingestellte Säulen auf und sind mit Kreuzgratgewölben überspannt, was auch im mittleren Joch bis zum Einbrechen des Maßwerkfensters im 15. Jahrhundert der Fall war, da dort – dem von Willy Weyres überzeugend argumentierten Rekonstruktionsvorschlag nach – eine Dreibogenstaffel auf ähnlichen Pfeilerbildungen gesessen hat (Abb. 6).[10] Somit erweist sich der Westchor von St. Viktor ebenfalls als eine ins Rechteck übertragene Variante eines Dreikonchenbaus, hier nach Vorbild der Apostelkirche, weshalb Michael Overdick deren zeitliche Vorrangstellung und somit eine frühere Datierung nahelegte.[11] Umgekehrt müsste die Apostelkirche bei späterer Datierung als Rückschritt gegenüber der innovativeren und reicheren Ausprägung des Gliederungsapparates – insbesondere hinsichtlich der Verbindung der Kompositpfeiler mit den eingelegten Rundstäben – gesehen werden, die dann unmittelbar auch in St. Maria im Kapitol und St. Kunibert rezipiert wurden. Das Viktorstift war Sitz des nördlichen Archidiakonats der Kölner Diözese und damit nicht nur eines der ranghöchsten

Stifte, sondern auch machtpolitisch von großer Bedeutung, weil die ansässigen Lokalgewalten weniger nach Süden, als nach Westen oder Norden orientiert waren. Somit erklärt sich der Verweis auf die aktuellste Kölner Architektur als Ausdruck des eigenen Selbstverständnisses. Als Auftraggeber kämen die Pröpste Konrad von Blankenheim (amt. 1188–1196) und Gerhard von Wickrath (amt. 1196–1205) infrage.

In den gleichen Zeitraum fällt der zwischen 1185/90 und 1202 datierte Westchor des Domes in Münster. Nach der aus dem 14. Jahrhundert stammenden Bischofschronik soll Hermann II.

von Katzenelnbogen (amt. 1174–1203) den Bau aus eigenen Mitteln finanziert haben, wahrscheinlicher erst nach seiner Rückkehr vom Dritten Kreuzzug (1189–1192). Schon in der frühen Forschung wurden – auch in Hinblick auf die Kapitellskulptur – Bezüge zu St. Georg in Köln erkannt.[12] Aber erst Uwe Lobbedey verwies auf den Trikonchos von St. Aposteln.[13] Er betonte vor allem die in den Seitenwänden durchlaufenden Arkaturen, die in den Zwischenjochen von St. Aposteln vorgeprägt seien. Im Vergleich

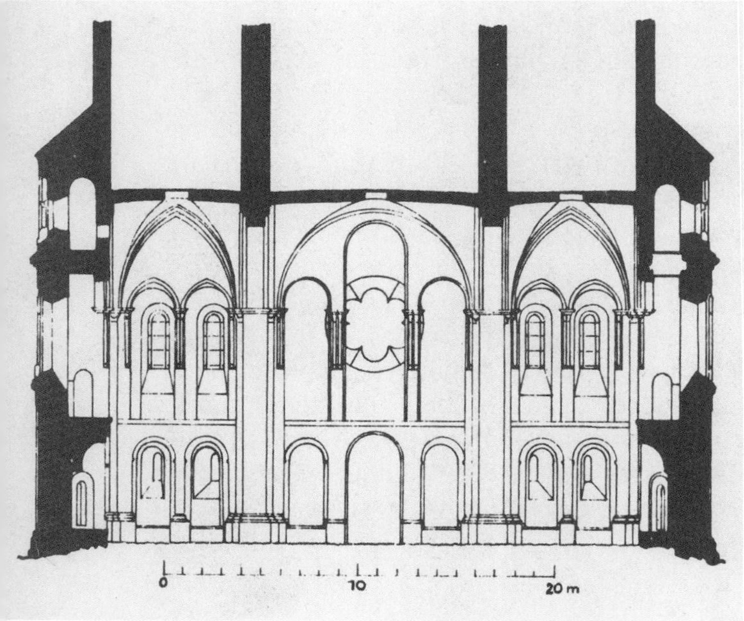

Abb. 4 (linke Seite): Köln, St. Georg, Westchor (Foto: Christoph Kraneburg, Köln)

Abb. 5 (links oben): Xanten, St. Viktor, Westchor, um 1900 (Foto: Stiftsarchiv Xanten, ohne Nr.)

Abb. 6 (links unten): Xanten, St. Viktor, Querschnitt. Rekonstruktion des Zustands zur Weihe 1213 (Repro: Kubach/Verbeek 1989, S. 287, Abb. 220)

Abb. 7 (rechts): Münster, St. Paulus-Dom, Westchor (Repro: Lobbedey 1989, S. 7, Abb. 9)

mit der durch bauarchäologische Befunde präzisierten Rekonstruktionszeichnung ergibt sich für die Westwand ein zweigeschossiger Aufriss mit einem Wechselspiel aus tiefen Nischen, darin eingebrochenen Fenstern – gerahmt von eingestellten Säulchen beziehungsweise Doppelsäulen – sowie auf den Innenraum bezogenen Laufgängen (Abb. 7), der eng an den Kölner Bau anschließt. Bei dieser Ableitung erweist sich die tradierte Datierung von St. Aposteln gegen 1200 jedoch erneut als problematisch; in Köln muss früher gebaut worden sein als die Brandnachricht es für 1192/93 nahelegt. Eine umgekehrte Rezeption scheidet wegen der engen Bezüge zwischen der Apostelkirche und St. Georg aus. Schließlich war der Kölner Erzbischof in seinem Suffraganbistum Westfalen nach dem Sturz Heinrichs des Löwen 1180 zum Territorialherr geworden und die architektonische Referenz somit auch als machtpolitische Bekundung lesbar.

Bereits vor Michael Overdick, der auf Lobbedeys Ausführungen keinen Bezug nahm, hatte Werner Schäfke mit anderen Argumenten eine frühere Datierung des Trikonchos von St. Aposteln dargelegt, die stärker von den Begebenheiten in Köln ausgeht. Demnach wäre die Konzeption des Trikonchos bald nach den Arbeiten im Westen der Kirche mit der Umgestaltung der Krypta und des Westbaus (um 1160–1170) anzusetzen, zu einem Zeitpunkt also, als sich durch die Erweiterung der Stadtmauer (um 1180) die Gelegenheit zur Inszenierung der Ostseite der Kirche hin zum Neumarkt als Fassade bot.[14]

Das würde aber bedeuten, dass die Brandnachricht 1192/93, die in der älteren Forschung aufgrund eines Fehlers bei der Transkription noch 1199 lautete, als Grundlage für eine Datierung des Ostbaus ausscheidet. Während Caesarius von Heisterbach in seinen um 1220 verfassten Wundergeschichten ein Übergreifen der Flammen auf St. Aposteln überliefert und das zeitlich mit Erzbischof Adolf I. (amt. 1193–1205/16) in Verbindung bringt (*beati Urbani ecclesia sanctorum Apostolorum Colonie incendio est consumpta*), ist ein Feuer für den östlich der Kirche gelegenen Bereich des Neumarktes am 25. Mai 1192 nur in einer wesentlich jüngeren Quelle erwähnt.[15] Zudem ist der von mehreren Autoren um 1200/10 angesetzte Umbau der Ostkonche an St. Maria Kapitol mit den charakteristischen Doppelsäulen nach dem Vorbild des Obergeschosses der Apostelkirche zu berücksichtigen (Abb. 8).[16] Denn diesem folgte die vor 1210 begonnene Apsis von St. Kunibert, wie Adam Stead 2013 in seiner Dissertation zeigen konnte.[17] Zuvor wurde in der Forschung vor allem ein Bezug zu St. Aposteln vertreten, der einer kritischen Überprüfung aber nicht standhält. Stead vertrat – in Anlehnung an die frühe Forschung des 19. Jahrhunderts – eine

Abb. 8 (linke Seite): Köln, St. Maria im Kapitol, Innenansicht nach Osten. Lithografie aus Boisserée 1833 (Repro: RBA Köln, rba_632569)

Abb. 9: Pulheim-Brauweiler, St. Nikolaus, Apsis (Foto: Bildarchiv Foto Marburg, fmd10006081, Tobias Vollmer)

Frühdatierung von St. Kunibert und damit einen Baubeginn nicht erst ab 1215, wie er seit Wilhelm Ewald mit dem 1916 erschienenen Band des Kunstdenkmälerinventars der Stadt Köln lange Zeit in der Forschung angegeben worden ist. Vielmehr erfolgte dieser noch unter dem damaligen Propst Theoderich, der 1210 auch zum Propst von St. Paulin in Trier und 1212 schließlich zum Trierer Erzbischof gewählt wurde.

Der Trikonchos von St. Aposteln ist auch für den Umbau der Ostteile der Abteikirche in Brauweiler von Bedeutung, der zur Weihe der Krypta im Jahr 1200 bereits im Bau war (1205 Bauunterbrechung, 1215 Einstellen der Arbeiten wohl nach Brand).[18] Seit der 1937 erschienenen Monografie von Walter Bader werden die Bezüge vor allem in der Bauskulptur gesehen,[19] gleichwohl auch das Erdgeschoss selbst mit weit gespannten Bogen und Fenstern geöffnet und den doppelsäuligen Kompositvorlagen an die Ostkonche der Apostelkirche denken lässt (Abb. 9). In diesen Kreis gehört schließlich noch St. Quirin in Neuss mit dem 1209 begonnenen Trikonchos.[20] Neben dem Bautypus sind es vor allem der innen offene Vierungsturm und die Gliederung der Konchen – mit drei statt sieben Arkaden wie in Groß St. Martin – sowie die Stützenstellung mit Doppelsäulen des Erdgeschosses, die auch hier den Bezug offenbaren (Abb. 10).

Für die Datierung des Trikonchos von St. Aposteln ist zu betonen, dass die ältere Forschung von anderen Prämissen ausging, wenn einerseits die für die Konzeption des Außenbaus relevanten Etagenchöre etwas später datiert wurden (Maria Laach 1156, Bonn 1166, Maastricht und Koblenz um 1180, insbesondere St. Gereon 1191 als das eigentliche Vorbild und erstmals mit dem markanten Plattenfries) und andererseits die Martinskirche als „Schwesterbau“ – zumindest mit dem spektakulären Obergeschoss des Innenraums – vielfach nach St. Aposteln angesetzt wurde (um 1206/11). Somit war der Dreikonchenbau zeitlich beinahe zwingend gegen 1200 einzuordnen, zumal es mit dem Brand 1192/93 einen glaubhaften Anlass gab: Er konnte somit gar nicht früher begonnen worden sein. Es lässt sich heute aber auch eine andere Reihe aufzeigen, wenn die Etagenchöre – angefangen mit St. Gereon noch in den 1140er-Jahren (Fertigstellung vor 1156), parallel Bonn (Weihe 1152), über Maria Laach (Weihe 1156 nach Planänderung zugunsten des Bonner Vorbildes), Maastricht und Koblenz (beide gegen 1160 wohl nach Bonner Vorbild) sowie Groß St. Martin (Weihe 1172) – nach aktueller Forschungslage früher datieren.[21] Zudem vollzog sich zwischen St. Gereon und Groß St. Martin eine konzeptionelle Weiterentwicklung von einer geschossweise angeordneten Blendgliederung innen und außen hin zur Ausbildung ähnlicher, aber nun raumhaltiger Mauerstrukturen mit einem Laufgang im Innenraum. Der Westchor von St. Georg war dann um 1180/88 das eigentliche Bindeglied zwischen Martins- und Apostelkirche.

Das Langhaus als Fortsetzung einer einheitlichen Planung oder Planwechsel?

Zum Neubau des Trikonchos von St. Aposteln gehören die östlichen Langhausjoche im Mittelschiff und in den Seitenschiffen (Abb. 11). Offenbar gab es zuerst noch keine Planung für eine Einwölbung des Mittelschiffes, da man an den westlichen Vierungspfeilern die Scheidarkaden der Pilgrimbasilika aufgeben wollte, wo die Kämpfergesimse fehlen beziehungsweise durch eingestellte Halbsäulenvorlagen überformt wurden (Abb. 3 und 12). Dies scheint auf eine andere Konzeption mit Unterzügen in den Arkaden zu verweisen, zumal ausgehend von den Durch-

Abb. 10: St. Quirin, Neuss, Dreikonchenchor nach Norden (Foto: Cornelius Hopp, Marburg)

Abb. 11 (folgende Doppelseite rechts): Köln, St. Aposteln, Mittelschiff nach Südwesten (Foto: Christoph Kraneburg, Köln)

Abb. 12 (folgende Doppelseite links): Köln, St. Aposteln, nördliches Seitenschiff nach Nordwesten (Foto: Christoph Kraneburg, Köln)

gängen aus den Seitenschiffen die Kämpferzone höher liegen musste. An der gegenüberliegenden Westseite der Arkaden deutet sich dann wohl eine Unsicherheit in Hinblick auf den Fortgang der Arbeiten an: Alte und neue Kämpferhöhe liegen übereinander, weil man offensichtlich die Sichtbarkeit des Pilgrimbaus als Indiz für das Alter und die Würde des Kanonikerstifts gewährleisten wollte. Dies führte in den Seitenschiffen zu durchweg höher sitzenden Kämpfern und Gewölben und wurde in den Scheidarkaden nun systematisiert: Die vorgeblendete Mauerschale zeichnet wie eine Kontur die Bogenlinie des bestehenden Bauwerks nach, setzt aber wesentlich höher auf der Wandvorlage auf und bildet damit Segmentbogen aus – eine Sonderform, die ganz deutlich auf das Nebeneinander von Alt und Neu verweisen soll.

Mit dem Duktus der eingestellten Halbsäule und dem Unterzug mit rechteckigem Querschnitt knüpft die Gestaltung an den ähnlich ausgebildeten Übergangsbereich in Groß St. Martin an, findet zeitgleich aber auch Parallelen in St. Andreas (vor 1200/10) und St. Kastor in Koblenz (Weihe 1208). Da bei den Letztgenannten aber keine Würfelkapitelle vorkommen, die gegen Ende des 12. Jahrhunderts beinahe anachronistisch wirken und selbst in Köln später nicht mehr verwendet wurden, müssen die Seitenschiffe im Zusammenhang mit der Dreikonchenanlage gesehen werden und lassen sich wohl schon als Vorbereitung zur Einwölbung des Mittelschiffes deuten.[22] Zumindest im östlichen Joch könnte die Verstärkung der Arkade als Voraussetzung für die Seitenschiffwölbung angesehen werden, die wiederum zur Aussteifung des Baukörpers für die Tonnenwölbung erforderlich war. Das Erdgeschoss selbst lässt jedoch – auch aufgrund der begrenzten Größe der Rechteckpfeiler der Pilgrimbasilika – keine Rückschlüsse hinsichtlich der Vorlagen auf die Ausprägung der Mittelschiffwölbung mit oder ohne Rippen und ob vier- oder sechsteilig zu.

Um Platz für die erst oberhalb aufsetzenden Vorlagen zu schaffen, war das Blendmauerwerk allein offensichtlich nicht ausreichend und so nutzte man den Rundbogenfries zur weiteren Auskragung des Gesimses. Erst dadurch ergab sich die Möglichkeit einen Laufgang anzulegen, der hinter den Vorlagen in die Wand eingebrochen wurde, heute aber zugesetzt ist. Jeweils vier halbrunde Blendbogen aus unprofilierten Steinen gliedern die Sargwand eines Doppeljoches und sind durch die mittig angeordneten Säulen vor einer nur wenig hervortretenden Rechteckvorlage geschieden. Diese Blendgliederung verweist zwar auf die Triforien anderer Kirchenbauten mit vierteiliger Wölbung wie der Abteikirche in Brauweiler (nach 1141) oder St. Andreas (vor 1200

Abb. 13: Limburg, St. Georg, Querhaus nach Nordwesten (Foto: RBA Köln, rba_632569)

Abb. 14 (rechte Seite): Köln, St. Aposteln, Westquerhaus nach Süden (Foto: Christoph Kraneburg, Köln)

begonnen), doch unterscheidet sie sich davon auch signifikant: Schon in den Zwischenjochen des Dreikonchenbaus gibt es das gleichartig gebildete Motiv aus kantig profilierten Viererarkaden auf Säulchen mit mittlerem Pfeiler, während das Grundmodul für die Bogen eindeutig der Muldennische im östlichen Mittelschiffjoch entlehnt ist. So wirkt die sechsteilige Wölbung wie erst später in die Planung aufgenommen und der Obergaden steht in einem gewissen Gegensatz zu den darunterliegenden Partien, weil sich nur dort Spitzbogen im Aufriss als Rahmung der Fenster finden.

Die heutige Aufteilung der Obergadenfenster ist, ausgehend von Osten, erst im Rahmen der Einwölbung entstanden, während der Pilgrimbau durch eine Abfolge ohne axiale Bezüge zu den Arkaden geprägt war. Da auch die Kämpferhöhen mit den Kapitellen vom Trikonchos einheitlich übernommen wurden, hätten runde Schildbogen die Fenster überschnitten, wollte man sie nicht auf extreme Weise stelzen oder höher ansetzen lassen. Ein vierteiliges Gewölbe hätte nach Michael Overdick angesichts der begrenzten räumlichen Entfaltungsmöglichkeiten und der Anordnung der Fenster zu einem Missverhältnis zwischen kurzen Ecksäulchen und weit ausholendem Schildbogen geführt.[23] Dessen Ausführung wäre jedoch möglich gewesen, selbst wenn man auf das Zusammenziehen der Obergadenfenster wie in Brauweiler oder St. Andreas verzichtet hätte, was sich zeichnerisch im Aufriss ohne Weiteres nachweisen lässt.

Somit erscheint die sechsteilige Wölbung als programmatischer Aufgriff einer Idee, die hier zitiert oder doch zumindest absichtsvoll als formale wie motivische Neuerung in das Bauwerk integriert wurde. In der Forschung wurde dagegen wahlweise eine direkte Ableitung aus Frankreich vertreten oder in Hinblick auf die Unterschiede eine eigenständige Auseinandersetzung mit dem dort Gesehenen betont.[24] So lässt die übrige Architektur kaum an Frankreich denken und eigentlich gelang es auch nie eine überzeugende Herleitung zu formulieren.[25] Gleichwohl galt die sechsteilige Wölbung von St. Aposteln lange Zeit als die erste im heutigen Deutschland. Erst durch die 1984/85 bekannt gewordene Frühdatierung der Kirche des Kanonikerstiftes St. Georg in Limburg an der Lahn (heute Dom), mit der im Wesentlichen aktuelle Kathedralgotik in der Nachfolge von Noyon und Laon in Formen der kölnisch-niederrheinischen Baukunst übersetzt wurde, ist der Formtransfer nachvollziehbar geworden (Abb. 13).[26] Ausweislich einiger Bauhölzer, die mithilfe der Dendrochronologie datiert werden konnten, war das Triforium im Mittelschiff bereits 1206 und im nördlichen Teil des Querhauses 1215 fertiggestellt, während die jeweils darüber ansetzende Wölbung unmittelbar folgte.[27] Somit war der Bau nach Dethard von Winterfeld wohl um 1190 (statt 1215/20) begonnen worden und diese Teile „1210/15 spätestens gewölbt."[28] Für die direkte Übernahme dieses Vorbildes in Köln (Abb. 14) spricht auch, dass im Querschiff von St. Aposteln das siebenteilige Rippengewölbe aus Limburg adaptiert, ja sogar das Vorlagensystem übernommen und konsequent weiterentwickelt worden ist. Während sich dort auf den durchlaufenden Diensten, die mit den Geschossgesimsen verkröpft sind, erst im Obergaden oberhalb der Kapitelle drei kleine Säulchen vor einer wenig tiefen Rechteckvorlage artikulieren, sind hier die Dienste zu allen Seiten ins Erdgeschoss heruntergezogen worden. Außerdem ist der Vorlagenapparat im Obergeschoss von der hinteren Wandschicht abgelöst und dabei ein Laufgang ausgebildet worden. Man verzichtete auf alle in Limburg anzutreffenden und aus der Baugeschichte erklärbaren Unzulänglichkeiten. Somit ließe sich bei aller Vorsicht aus der Datierung des Limburger Domes ein *terminus post quem* 1210 im Mittelschiff und 1215 im Querhaus für die Wölbung in St. Aposteln ableiten.[29] Entsprechend wollte bereits Albrecht Mann die im Mittelschiff nur vereinzelt im Obergaden am südlichen Hauptpfeiler und der westlich folgenden Zwischenstütze und dann häufiger im Querschiff erscheinenden Kelchknospenkapitelle frühestens 1210 ansetzen.[30]

Dort finden sich nun schon im Erdgeschoss spitze Bogen, weil die Fortführung des Rundbogenfrieses und die festgelegten Kämpferhöhen angesichts der Breite der Wandfelder neben den rundbogigen Durchgängen aus den Seitenschiffen keine andere Form zuließen. Darüber verschwand die Sargwand zugunsten weiter nach unten gezogener Fenster, die für mehr Lichteinfall sorgten. Diese schließen zur Wahrung des einheitlichen Erscheinungsbildes am Außenbau durchweg halbrund ab. Damit wird auch deutlich, dass das Querschiff weniger im Sinne einer Stilgeschichte die letztendliche Wendung zur Gotik untermauert als vielmehr nur die unterschiedliche Adaption konkreter Vorbilder unter verschiedenen Voraussetzungen in ein und demselben Bauwerk zeigt. Gerade dieser jüngsten Baumaßnahme scheint aus der Retrospektive eine so hohe künstlerische Qualität beigemessen worden zu sein, dass sie noch an weit entfernten Orten nachahmenswert erschien und zu Recht gefragt werden muss, welche Aussagen mit diesen Zitaten verbunden waren.

Zur Nachfolge von Lang- und Westquerhaus

Um 1220 wurde in Bremen an der Weser der Plan gefasst, den altehrwürdigen Dom des 11. Jahrhunderts zu „modernisieren“ (Abb. 15).[31] Dieser besaß wie die Kölner Pilgrimbasilika einfache Pfeiler auf längsrechteckigem Grundriss, die hier mehr Platz für einen differenzierten Vorlagenapparat aus einfach und dreifach angeordneten Diensten für die sechsteilige Rippenwölbung boten. Unklar ist, ob der Rücksprung über den Arkaden schon bestand. Jedenfalls verzichtete man auf ein Triforium zugunsten eines zweigeschossigen Wandaufrisses mit geschosstrennendem Rundbogenfries und hohen Obergadenfenstern mit eigener Rahmung durch einen umlaufenden Rundstab. Die Fenster liegen in der äußeren Wandebene, während der Laufgang als eigenständiges Motiv die doppelte Schildbogenrahmung auf jeweils eigenen Diensten mit entsprechend höher liegender Kämpferzone zwar dem Innenraum zuschlägt, die Wölbung aber niedriger ansetzt und so beinahe schwebend erscheinen lässt. Die hier eingestellten kurzen Drillingssäulen könnten wie die schräggestellten bugförmigen Kapitelle aus Limburg entlehnt sein, wo ja auch das sechsteilige Gewölbe zuerst auftritt. Durch den Verzicht auf markante Rechteckvorlagen und Gurtbogen mit kastenförmigem Querschnitt tritt das nach wie vor vorhandene gebundene System so weit in den Hintergrund, dass sich die Wirkung einer nahtlosen Folge von Gewölbefeldern ergibt. Möglich wurde die Reduktion im Aufriss bei gleichzeitiger Steigerung der Lichtfülle durch die jochweise angeordnete Bedachung der Seitenschiffe mit Zeltdächern am Außenbau.

Wie in St. Aposteln ließ sich das ältere – ausweislich einer Quelle *ad formam* des Kölner Domes errichtete – Bauwerk durch den nachträglich eingebrachten Vorlagenapparat inszenieren. Deutlich wird dabei der Bezug auf das zweigeschossig angelegte Querhaus der Apostelkirche. Ein Anlass mag der 1224 erfolgte Schiedsspruch in Hinblick auf den Streit um den Vorrang im

Doppelbistum Hamburg-Bremen gewesen sein, wonach nun in Bremen ein Erzbischof residierte, der sich auf Augenhöhe mit seinem Kölner Kollegen wähnen konnte. Gleichzeitig mit den niederrheinischen Bauformen hat die ältere Forschung auf die Rezeption westfälischer Einflüsse, etwa der Marktkirche in Lippstadt, im einzig erhaltenen südlichen Seitenschiff verwiesen, die in eigenständiger Weise verarbeitet wurden. Das lässt sich schlüssig mit dem aus Westfalen stammenden Bauherren, Erzbischof Gerhard II. zur Lippe (amt. 1219–1259), erklären, zumal über die Weser eine direkte Verbindung zu den dortigen Baustellen bestand und auch der verwendete Sandstein aus der Region um Minden kam. Gerhard erwarb 1224 einen päpstlichen Ablass zur Finanzierung des Vorhabens. Während der Beginn der Bauarbeiten um 1220 im Westchor mit seiner schweren Bandrippenwölbung gesehen wird, datiert das südliche Seitenschiff nach Arno König zwischen 1224 und 1229, die Wölbung im Mittelschiff folglich kurz darauf, während andere sie schon ab 1225 ansetzen. Denn mit der Reorganisation der Bremer Pfarreien wurde 1229 mit dem Bau von St. Ansgarii begonnen, wo der Wandaufriss der Kathedrale samt sechsteiliger Wölbung wiederholt wurde, gleichzeitig St. Stephani derart nachträglich eingewölbt – weniger eindeutig ist die Nachfolge in St. Martini mit ebenfalls sechsteiliger Wölbung.[32] Der Bremer Dom zeigt anschaulich, wie sich durch Zitate verschiedener Kirchen Verweise anbringen und gleichzeitig unterschiedliche Teilbereiche hierarchisieren lassen. Selbst zum Abschluss der Baukampagne gegen 1250 war das Westquerhaus von St. Aposteln noch für die Seitenwände des Chores prägend, wo dann in der Ostwand mit der Dreibogenstaffel ein weiteres dezidiert kölnisch-niederrheinisches Motiv (St. Quirin, Gerresheim, Groß St. Martin, Heisterbach) rezipiert wurde, das sich auch in Westfalen häufiger fand.

Zur gleichen Zeit wurde in Magdeburg an der Elbe Unser Lieben Frauen erstmals mit einer Wölbung nach Vorbild der Kölner Apostelkirche versehen, die wohl in wenigen Jahren bis etwa 1230 fertiggestellt war. Diese Datierung ergibt sich aus einer dendrochronologischen Untersuchung von Resten des bauzeitlichen Dachstuhls mit Bestimmung der Fälldaten 1219/21 und 1224.[33] Es handelt sich um Hölzer über dem Mittelschiff, die bei der anschließenden Ausführung der Gewölbekappen partiell eingemauert wurden.

Abb. 15: Bremen, St. Petri-Dom, Langhaus (Foto: Bildarchiv Foto Marburg, fm405826, Jan Gloc)

Während die Gestaltung des Querhauses mit dem zweigeschossigen Wandaufriss voranging und aufgrund der tendenziell halbrunden Ausprägung der Blendbogen sowie fehlender geschossübergreifender Vorlagen eher an das Mittelschiff von St. Aposteln denken lässt, erweist es sich aber in Hinblick auf die siebenteiligen Gewölbe und dann auch auf das Mittelschiff deutlich von den Querarmen des Kölner Westquerhauses abhängig (Abb. 16–17). Der Vorlagenapparat mit den schlanken, eingestellten Säulchen im Zusammenspiel mit den spitzen Bogen mit eingelegten Rundstäben und die ringförmigen Schlusssteine der sechs- beziehungsweise siebenteiligen Gewölbe sind trotz einiger Unterschiede auf St. Aposteln zurückzuführen. Zusammen mit dem geschosstrennenden Rundbogenfries und der gleichartigen Inszenierung des Vorgängerbaus in der Arkadenzone wird diese Interpretation zwingend.[34] Norbert von Xanten hatte den bestehenden Kirchenbau als Erzbischof (amt. 1126–1134) mit der Einsetzung eines Kanonikerkonventes der Prämonstratenser zum Mittelpunkt der sächsischen Zikarie des Ordens gemacht, weshalb es später galt, den „Gründungsbau" nicht nur zu bewahren, sondern als solchen hervorzuheben. Da Norbert hier und nicht im Dom bestattet worden war, mag der Verweis auf Köln auch dessen frühe Wirkungsstätte am Niederrhein anzeigen, wo die Selbstbekehrung zum Entschluss der Ordensgründung geführt hatte. Unabhängig davon hatte Friedrich Adler in Hinblick auf Bremen, Unser Lieben Frauen und St. Aposteln schon 1869 von einem „Schulzusammenhang" gesprochen.[35]

Zuletzt ist hier noch die direkte Nachfolge der Apostelkirche mit dem 1247 geweihten Langhaus von St. Kunibert in Köln anzuführen (Abb. 18). Bezeichnenderweise finden sich dort nur leicht gespitzte und im Grunde gestelzte Schildbogen im Obergaden, während der eigentliche Scheitelpunkt der Gewölbe mit den ringförmigen Schlusssteinen wesentlich höher liegt. Dagegen sind die Gurtbogen sowie die Diagonal- und

Transversalrippen spitzbogig gegenüber den gedrungenen und beinahe korbbogenförmigen Diagonalrippen in der Apostelkirche – ein Detail, das in St. Aposteln noch unentschieden wirkt und wesentlich stärker durch die Unterordnung an das Bestehende gebunden war. Hierzu zählen auch die nun bis nach unten geführten Säulchen neben den Vorlagen der Hauptstützen. Das Langhaus von St. Kunibert erweist sich als deutlich freier in der Ausführung. Adam Stead sah den Auftraggeber in Propst Bruno von Ahrberg (amt. 1218–1236) und setzte den Baubeginn früher als in der älteren Forschung an: Planung Ende der 1210er-Jahre, Fertigstellung des östlichen Joches spätestens 1227 wegen der Altarweihen 1226/27 und Konzeption des westlichen Querschiffes um 1230.[36] Die Tatsache, dass auch das westliche Querhaus auf St. Aposteln zurückzuführen ist, wurde in der Forschung häufig als Selbstverständlichkeit übergangen, wie Stead anschaulich darlegen konnte.[37] Stead begründete den Rückbezug auf die Apostelkirche mit der Verbundenheit von Propst Bruno mit dem Propst von St. Aposteln, Gerard von Elsloh (amt. 1213–1227/29),[38] die wiederholt zusammen urkundeten oder im Auftrag Papst‘ Honorius III. den Bann von Erzbischof Engelbert lösten.

Mit der Sint Walburgiskerk in Zutphen (Abb. 19) gibt es noch ein weiteres Bauwerk, das unverkennbar nach Köln verweist. Wenn es tatsächlich um 1210/15 im Osten mit dem Chor begonnen wurde und gegen 1220 das Langhaus mit dreizonigem Wandaufriss mit je zwei Doppelbogen im Triforium und sechsteiligem Gewölbe folgte, kann aufgrund der Zeitstellung nur St. Aposteln als Vorbild gelten und nicht St. Kunibert.[39] Auch der Polygonchor von St. Severus in Boppard (vor 1236) könnte in diese Reihe gestellt werden, wie Michael Overdick vorschlug, wo insbesondere die strukturelle Durchbildung des Chorjochs dem Kölner Querschiff ähnlich ist, während die Einzelformen erneut nach Limburg weisen (Abb. 20).[40] Ob die sechsteilige Wölbung im Chor der Ludgeruskirche in Essen-Werden um 1230 auf Limburg – wie die bugförmigen Kapitelle im Mittelschiff andeuten – oder doch auf St. Aposteln zurückgeht, bleibt offen. Zusammen mit den nachträglich eingebrachten Einwölbungen in Wipperfürth (um 1230) oder St. Maria im Kapitol (um 1240)[41] wird deutlich, dass die Rezeption des sechsteiligen Gewölbes aus Frankreich sich über Limburg nach Köln rekonstruieren und auf diese Gruppe von Bauwerken verdichten lässt, zumal davor und danach vor allem vierteilige Wölbungen anzutreffen sind.

Abb. 16 (linke Seite links): Magdeburg, Unser Lieben Frauen, Blick ins nördliche Querschiff (Foto: Wikimedia Commons, Foto: Hoger)

Abb. 17 (linke Seite rechts): Magdeburg, Unser Lieben Frauen, Blick ins Mittelschiff (Foto: Wikimedia Commons, Foto: Hoger)

Abb. 18: Köln, St. Kunibert, Mittelschiff und Querhaus nach Nordosten (Foto: Christoph Kraneburg, Köln)

Revision

Die Vielzahl der jüngeren Projekte belegt den wiederholten Rückbezug auf die Apostelkirche und damit deren große Bedeutung weit über Köln hinaus. Hierbei ist insbesondere das westliche Querhaus mit seinem differenzierten Vorlagensystem hervorzuheben, weil es in Hinblick auf die zeitlich vorangehende Frühgotik französischer Prägung im Grunde retardierend erscheint, im Rahmen der eigenen Bautradition aber zukunftsweisend ist. Mit Blick nach Magdeburg wäre seine bisher vertretene Datierung 1220–1225/30 zu überdenken. Da die sechsteilige Mittelschiffwölbung in St. Aposteln erst gegen 1210/15 möglich erscheint, die Wölbung der Seitenschiffe mit der Errichtung des Trikonchos aber schon vor 1200 datieren dürfte, ist die Einwölbung des Langhauses entweder als sehr langwieriges Unterfangen mit einer Unterbrechung oder als Resultat einer Planänderung anzusehen. Möglicherweise spielten die kriegerischen Auseinandersetzungen im welfisch-staufischen Thronstreit im ersten Jahrzehnt des 13. Jahrhunderts eine Rolle, die eine fünfjährige Vakanz in St. Aposteln zur Folge hatten: Erzbischof Adolf I. (amt. 1193–1205/08) war 1204 in das staufische Lager gewechselt, obwohl er der mehrheitlich Otto IV. geneigten Kölner Kaufmannschaft in dieser Hinsicht durch deren Unterstützung verpflichtet war. Daraufhin belagerte der Gegenkönig, Philipp von Schwaben, 1205 die Stadt, während der päpstliche Bann den Erzbischof traf – erst 1206 gab es einen Friedensvertag, der den Kölnern ihre Rechte auch unter staufischer Herrschaft sicherte. Die Nachfolge auf der Kathedra trat der Propst von St. Aposteln, Dietrich von Hengebach (amt. 1208–1212), an. Mit dem neuen Propst, Gerard von Elsloh (amt. 1213–1227/29), ließe sich dann die Rippenwölbung verbinden. So wäre anzunehmen, dass nach dem Mittelschiff das Querhaus in der kurzen Zeitspanne um 1215/20 vollendet wurde und das Datum 1219 nicht allein auf das Mittelschiff, sondern auf die gesamte Kirche zu beziehen sein müsste. Die zur Datierung seit Langem herangezogene Quelle ist eine Nachricht im Schrein der hll. Felix und Adauctus, die besagt, dass deren Reliquien am 20. März 1219 in den Schrein übertragen worden seien, zu einer Zeit als diese Kirche eingewölbt wurde (*hec ecclesia testudinata est*). Sie ist im Konkreten weder

auf das Mittelschiff noch das Querhaus zu beziehen und sagt vielmehr aus, dass Arbeiten gerade noch im Gange waren.[42]

Damit in direktem Zusammenhang steht die Einwölbung der Westvierung mit ihren bauzeitlich erhaltenen Rippen mandelförmigem Querschnitts und platt ausgebildeten Stegen. Die Blattstängelornamentik der Kapitelle kann daher nur auf 1215/20 verweisen.[43] Das Westquerhaus mit dem Apostelchor und der Grablege Erzbischof Pilgrims war schon zuvor zu einer ausgeschiedenen Vierung umgebaut worden, die ausweislich der später eingeflickten Kapitelle noch nicht mit der folgenden Rippenwölbung rechnete. Ob diese Erneuerung mit den Brandnachrichten 1192/93 verbunden werden kann, bleibt offen.

Caesarius von Heisterbach berichtete von einer in der Nachbarschaft ansässigen Bierbrauerin, die sich vor einer Feuersbrunst in die Kirche habe zurückziehen können, die teilweise abgebrannt sein soll, und dadurch von den Flammen, wie auch ihr Haus, verschont geblieben sei.[44] Das sei passiert, als Adolf I. Erzbischof war (amt. 1193–1205/08). Jedoch muss der Dreikonchenbau bereits vor 1190 im Bau gewesen sein, wenn die Überlegungen von Werner Schäfke, Uwe Lobbedey und Michael Overdick zutreffend sind und was die oben skizzierten Rezeptionen nahelegen. Schon 1856 hatte Carl Schnaase entgegen Johann Claudius von Lassaulx und Franz Kugler, die sich auf einen Brand 1199 bezogen, eine Errichtung „im letzten Viertel des 12. Jahrhunderts“ vertreten, weil er die chronikalisch überlieferten Daten in Hinblick auf die Überlieferung Caesarius‘ nur auf das Mittelschiff zu beziehen vermochte.[45] Caesarius, der Ende der 1180er-Jahre bis 1198 in Köln nachweisbar ist, verbrachte dort seine Kindheit und frühe Jugend. In anekdotenhaften

Abb. 19 (linke Seite): Zutphen, Sint Walburgiskerk, Rekonstruktion des Wandaufrisses nach ter Kuile (Repro: Kubach/Verbeek 1976, S. 1286, Abb. 2258)

Abb. 20: Boppard, St. Severus, Chor (Repro: Overdick 2005, S. 169, Abb. 78)

Schilderungen verfasste er etwa 1219/23 seine didaktisch angelegten Dialoge, natürlich nicht in der Absicht, Baugeschichte zu überliefern. So wusste er aber zu berichten, dass ein vornehmer und mächtiger Bürger namens Karl von der Salzgasse, dem Apostelstift eine Schiffsladung Ankersteine schenkte, die der Errichtung eines Neu- oder Erweiterungsbaus dienen sollten und später in das Fundament gelangten.[46] Karl war nach Gerhard Unmaze einer der finanzkräftigsten Kölner Bürger und diese Stiftung, die einem Auftrag zum Neubau gleichkam, sollte in der Waagschale des Jüngsten Gerichtes seinen sündhaften, weil schwerwiegenden Reichtum aufwiegen.[47] Da Langhaus, Westbau und Querhaus in den unteren Partien augenscheinlich alt waren, blieb nach Carl Schnaase nur der Trikonchos. Tatsächlich sind im Fundament des Dreikonchenbaus großformatige Säulenbasalte entdeckt worden.[48] Hierbei ist entgegen der älteren Forschung zwischen dem gleichnamigen Vater, dem wohlhabenden Kaufmann, und seinem Sohn, dem Ritter und späteren Abt des Zisterzienserklosters Villers-la-Ville, mit dem Caesarius befreundet war, zu unterscheiden. Ersterer erscheint 1149/50 unvermittelt in Quellen unter den *optimates civitatis*, ist seit 1150 bis 1180 als Schöffe nachweisbar, ab 1158 auch als Zöllner zu fassen, 1179/82 als Mitglied der Richerzeche bezeugt und war somit *burgensis* und erzbischöflicher *ministerialis* gleichermaßen.[49] Letztmalig taucht er in einer Urkunde 1183 auf, weshalb Thomas Zotz seinen Tod nicht vor 1185 vermutete.[50] Demnach ergäbe sich zu der für 1192 überlieferten Brandnachricht eine Diskrepanz und damit zwar ein relativer *terminus ante quem*, der aber nicht zwingend einen Baubeginn vor diesem Datum belegt. Als Bauherr muss in dem einen wie dem anderen Fall Propst Dietrich von Hengebach (amt. 1166–1208)[51] gelten.

Der Trikonchos von St. Aposteln würde bei einer etwas früheren Bauzeit dichter an den 1172 fertiggestellten Trikonchos von Groß St. Martin heranrücken, noch enger an den Westchor von St. Georg aus den 1180er-Jahren. Werden dabei auch die Kapitelle herangezogen und dem Obergeschoss von St. Georg, den Kreuzgangfragmenten aus Knechtsteden (1180/90) sowie der Nachfolge in St. Andreas und Brauweiler (jeweils vor 1200 begonnen) gegenübergestellt, so verdichtet sich eine Mittlerstellung von St. Aposteln um 1190. Gegen diese frühere Datierung gibt es außer den Brandnachrichten keinen stichhaltigen Einwand. Diese wichtige Stellung setzt sich mit einer vielfältigen Rezeption der Lang- und Westquerhauswölbung bis weit in das erste Drittel des 13. Jahrhunderts fort und unterstreicht damit die große Bedeutung von St. Aposteln für die Architekturgeschichte weit über Köln und das Rheinland hinaus.

Für eine kritische Durchsicht sei Michael Overdick (Coburg) und Sören Groß (Neukirchen) herzlich gedankt.

1 Angefangen bei Franz Kugler über Carl Schnaase und eine ganze Reihe bedeutender Darstellungen zur mittelalterlichen Architektur sind insbesondere zu nennen: Schumacher 1914, S. 37–41 zur Einwölbung. – Zum Trikonchos Gall 1915, insb. S. 1–21. – Ewald/Rahtgens 1916, S. 102–162. – Mann 1962, S. 1–71. – Schaefer 1970, S. 1–29. – Kubach/Verbeek 1976, S. 513–522. – Stracke 1984, S. 183–193. – Schäfke 1984, S. 194–208. – Kubach/Verbeek 1989, S. 558f.

2 Stracke 1992.

3 Dazu bereits Mann 1962, S. 46–48. – Stracke 1992, S. 255–258.

4 Overdick 1999, S. 41–52. – Overdick 2005, insb. S. 34–41, 48–51 u. 139–143.

5 Busley 1926, S. 285–303 mit teilweise überholten Datierungsansätzen. – Meyer-Barkhausen 1952, S. 12–40. – Hopp 2020a, S. 190–206, 222–236 u. 261–288.

6 Schorn/Verbeek 1940, S. 171–201. – Verbeek 1984, S. 261–264.

7 Meyer-Barkhausen 1952, S. 42–44.

8 Verbeek 1936, S. 59–87. – Schorn/Verbeek 1940, S. 175, 194–196, 200 mit Taf. 23–25. – Meyer-Barkhausen 1952, S. 43. – Mann 1962, S. 23–25 zu den Kapitellen im Trikonchos. – Kaelble 1981, S. 128 mit Anm. 531. – Overdick 1997, S. 73f. ausführlich zum Verhältnis beider Bauwerke.

9 Weyres 1948, insb. S. 23–29 ausführlich. – Kubach/Verbeek 1976, S. 1269–1272. – Runde 2003, S. 467 zu den Schriftquellen. – Overdick 2005, S. 42f.

10 Verbeek 1936, S. 65f. rekonstruierte analog zum Erdgeschoss und den an den Seiten noch vorhandenen Säulchen eine Dreierarkade aus Rundbogen. – Dagegen Weyres 1948, S. 72–76 mit leicht gespitzten äußeren Bogen und einem größeren Rundbogen in der Mitte.

11 Overdick 2005, S. 34, 40, 48–51 datierte den Beginn der Arbeiten in St. Aposteln in die 1180er Jahre. – Angesichts der langen Bauzeit in Xanten könnte man diese Überlegungen insofern enger fassen, als dass das Erdgeschoss ohne die Apostelkirche denkbar ist, nicht aber das erste Obergeschoss – somit eine wesentlich frühere Datierung angesichts der Weihe 1213 gar nicht zwingend erscheint, zumal das Aufgehende dort erst gegen 1200 begonnen worden sein könnte. Zum früheren Baubeginn in Köln ähnlich Stead 2013, S. 135 mit Anm. 389 „perhaps in the 1180s".

12 Maué 1975, S. 50–57 mit der älteren Literatur. – Poeschke/Syndikus/Weigel 1993, S. 16, 27.

13 Lobbedey 1989, S. 1–21. – Lobbedey/Scholz/Vestring-Buchholz 1993, S. 41–71, insb. 54–61 zu den Befunden, der Dokumentation und den Rekonstruktionsmöglichkeiten, S. 218–221 zu den Kapitellen mit Verweis auf St. Georg und St. Aposteln in Köln, Knechtsteden und die Vorhalle von Maria Laach.
14 Bereits Mann 1962, S. 4–7 erwog eine ältere Planung oder die Möglichkeit, dass die Brandnachricht nicht auf die Ostteile zu beziehen sei, zog daraus aber keine Konsequenz für die Datierung. – Schäfke 1984, S. 194, der ebenfalls von Overdick nicht herangezogen worden ist. – Auch Stracke 1992, S. 377 nahm hinsichtlich eines Brandes in den 1190er-Jahren an, „daß nach der Erneuerung des alten, im Westen liegenden liturgischen Zentrums ein Neubau von Anfang an geplant war."
15 Ewald/Rahtgens 1916, S. 116f. – Mann 1962, S. 5 mit Anm. 12 ausführlich zu den rund zehn Brandnachrichten. Er empfahl das Datum 25. Mai 1192 zu verwerfen, da es erst im 18. Jahrhundert belegt ist, während 1193 nur durch die legendäre Beschreibung bei Caesarius von Heisterbach an Gewicht gewann.
16 Rahtgens 1913, S. 110 u. 114f. – Meyer-Barkhausen 1952, S. 44f. – Busley 1926, S. 300. – Kubach/Verbeek 1976, S. 566.
17 Stead 2013a, S. 121–148. – Stead 2013b, S. 148–155.
18 Kaelble 1981, S. 124–127.
19 Bader 1937, S. 218 schrieb allein der Bauskulptur eine vorbildliche Rolle zu. Für die Gestaltung sowohl des Obergeschosses mit den hohen, rhythmisiert angeordneten Stützen und dem Laufgang als auch der Chorwinkeltürme mit umlaufender Zwerggalerie betonte Bader Groß St. Martin als Vorbild. Jedoch lassen sich die Besonderheiten des Untergeschosses nicht von dort herleiten.
20 Gall 1915, S. 94–97 u. 104–108. – Kubach 1934, S. 27–29. – Meyer-Barkhausen 1952, S. 47–58. –Bader 1955, S. 127–135. – Kubach/Verbeek 1976, S. 827–836. – Hopp 2020a.
21 Kubach/Verbeek 1989, S. 303–311. – Werner 2001. – Hopp 2020b, S. 44–63 zuletzt zum früheren Datierungsansatz von St. Gereon.
22 Ewald/Rahtgens 1916, S. 123, 132, 140. – Overdick 1999, S. 41.
23 Overdick 2005, S. 141.
24 Kubach 1934, S. 32 sah vor allem den dekorativen Wert als ausschlaggebend für die Rezeption dieser Lösung. – Mann 1962, S. 36f. bemühte eine Herleitung aus Frankreich. – Schröder 1986, S. 213 wollte nicht das typisch Rheinische hervorheben, sondern im Vergleich zu Frankreich die Gemeinsamkeiten betonen.
25 Schumacher 1914, S. 41: „Vorbilder für diese Einwölbung zu suchen und zu nennen wäre zwecklos."
26 Von Winterfeld 1985, S. 41–84, hier S. 69. – Overdick 1999, S. 43f. – Stead 2013, S. 313.
27 Kotzur 1985, S. 26–28.
28 Von Winterfeld 1985, S. 69.
29 Stead 2013, S. 245 mit Anm. 604 mit ähnlicher Datierung für das Mittelschiff, ohne diese konkret aus den Dendrodaten aus Limburg abzuleiten.
30 Mann 1962, S. 39–41.
31 Rosenau 1931, S. 1–36. – König 1934, S. 56–65 verwies insbesondere auf das westliche Querhaus von St. Aposteln. – Fliedner 1951, S. 325–341. – Stein 1962, S. 38–44. – Thümmler 1970, S. 32f. u. 256. – Böker 1988, S. 64f.
32 Böker 1988, S. 65–67.
33 Hopp 2022, S. 114–151.
34 Die Frühdatierung spricht gegen eine Herleitung aus Bremen, wie sie Nicolai 1990, S. 237 Anm. 884 angedeutet hat. – Diesem folgend Kunst 2002, S. 30 mit Anm. 8.
35 Adler 1869, S. 4. – Ähnlich Schütz/Müller 1989, S. 177.
36 Stead 2013a, S. 309f. – Stead 2013b, S. 157–163.
37 Stead 2013a, S. 278.
38 Stracke 1992, S. 521–523 zu den Pröpsten und Dechanten. – Stead 2013a, S. 311f.
39 Kubach/Verbeek 1976, S. 1285–1287. – Bastemeijer 1999, S. 69–76.
40 Kubach/Verbeek 1976, S. 125–131. – Overdick 2005, S. 168–174.
41 Beuckers 2017.
42 Bereits Wilhelm Ewald in Ewald/Rahtgens 1916, S. 117f., 123, 140 bezog die Nachricht auch auf das Querhaus, was in der Forschung lange Zeit keine Berücksichtigung fand. – Zur Quelle auch Stracke 1992, S. 178 u. 378f. – Overdick 1999, S. 41–43 mit Anm. 9 erneut mit Bezug auch auf das Querschiff. – Zuletzt Hopp 2022, S. 151.
43 Bereits Mann 1962, S. 39 betonte die Einheitlichkeit der Bauornamentik. – Dagegen ging Stracke 1992, S. 380 davon aus, dass um 1200 bereits die Einwölbung der Vierung in der jetzigen Form erfolgte, was Overdick 1999, S. 50 mit guten Gründen zurückwies.
44 Strange 1851, S. 62.
45 Von Lassaulx 1835, S. 491. – Kugler 1854, S. 198. – Schnaase 1856, S. 347f. mit Anm.
46 Strange 1851, S. 135.
47 Strange 1851, S. 135. – Vogts 1954, S. 504.
48 Kubach/Verbeek 1976, S. 516. – Schäfke 1984, S. 194.
49 Zotz 1984, S. 609–624. – Schulz 2019, S. 7–27. – Schmitt 2021, S. 197–200.
50 Zotz, S. 613f. mit Anm. 39.
51 Stracke 1992, S. 521f. (das HAStK gibt 1173–1205 an). Dabei scheint es eine kurze Interimszeit mit Propst Bruno (amt. 1181–1185) gegeben zu haben.

Prachtvolle Kirchenpatrone

Die gotischen Apostelskulpturen aus St. Aposteln

Adam Stead

Die gotischen Figuren der zwölf Apostel, seit 1988 in einem Retabel des Kölner Künstlers Paul Nagel (1925–2016) im Ostchor von St. Aposteln aufgestellt, zählen zu den wichtigsten Zeugnissen der Kölner Skulptur des 14. Jahrhunderts (Abb. 1–2). Bereits bei der ersten Würdigung durch den Geistlichen und Kunstkenner Franz Bock (1823–1899) wurde die künstlerische Bedeutung des Figurenensembles in beinahe überschwänglichen Tönen erkannt: „Wir nehmen keinen Anstand hier die Behauptung auszusprechen, dass von allen figürlichen Schnitzarbeiten in Eichenholz aus dem XIV. Jahrhundert die vorstehenden Statuen der zwölf Apostel die größte Beachtung der Kunstarchäologie mit vollem Rechte beanspruchen dürfen“.[1] In der kunsthistorischen Forschung haben die Skulpturen trotz ihrer bildhauerischen Qualität und des insgesamt guten Erhaltungszustands allerdings die von Bock erhoffte „größte Beachtung“ nicht genossen. So wurden sie in der Fachliteratur zwar immer wieder kurz erwähnt und in ihrer Bedeutung hervorgehoben, eine Einzeluntersuchung oder umfassende monografische Aufarbeitung fehlt aber bis heute.[2] Das Hauptaugenmerk der Forschung galt dabei vor allem der Stellung der Figuren innerhalb der stilgeschichtlichen Entwicklung der hochgotischen Skulptur in Köln

Abb. 1: Detail der gotischen Apostelskulpturen, um 1350. Köln, St. Aposteln (Foto: Christoph Kraneburg, Köln)

und dem Rheinland. Eine zusammenfassende Betrachtung, die neben der Entstehungs- auch die Restaurierungs- und Aufstellungsgeschichte der Skulpturen beleuchtet und der Frage nach ihrer ursprünglichen Funktion im liturgischen Raumgefüge von St. Aposteln nachgeht, blieb ein Desiderat in der Geschichte der künstlerischen Ausstattung der romanischen Kirche am Neumarkt.

Abb. 2 (vorherige Doppelseite): Köln, St. Aposteln, Blick in den Ostchor auf das „Retabel" mit den Apostelskulpturen (Foto: Christoph Kraneburg, Köln)

Abb. 3–4 (unten links und rechts): Zwölf Apostelfiguren, um 1350. Köln, St. Aposteln (Foto: Christoph Kraneburg, Köln)

Abb. 5 (rechte Seite oben): Vier Apostelskulpturen, um 1350, Rückseiten. Köln, St. Aposteln (Repro: Ewald/Rahtgens 1916, S. 145, Fig. 73)

In guter Kölner Tradition

Die einzelnen Apostelskulpturen sind jeweils aus einem Stück Eichenholz gearbeitet und weisen mit einer Höhe von 45,8 bis 47,0 cm nur minimale Abweichungen in den Maßen auf (Abb. 3–4).[3] Charakteristisch für das Ensemble ist die Animierung der Figuren durch eine leichte Drehung des Körpers, kombiniert mit einem zum Teil stark ausgeprägten Schwung. Auch die Gestaltung der Gewänder mit kleinteiligen, variationsreichen Faltenpartien, die die Figuren umspielen, trägt zum Eindruck der Lebendigkeit bei. Mit in langen Wellen herabfallenden Haaren und lockigen Bärten sind die Köpfe mit Ausnahme derjenigen des bartlosen Johannes und des Petrus insgesamt einheitlich gestaltet, jedoch weisen sie in Details wie der Form und Länge

des Barts oder dem Vorhandensein einer Kopfbedeckung eine subtile Differenzierung auf. Die detailreiche Ausarbeitung lässt sich auch an den Rückseiten der vollrund skulptierten Figuren beobachten, an denen die Falten der Gewänder und die Frisuren mit der gleichen Sorgfalt wie an den Vorderseiten ausgeführt sind (Abb. 5).

In der Anlage einzelner Figuren sowie in Details stehen die Bildwerke in der Tradition eines für die Geschichte der Kölner gotischen Skulptur besonders wichtigen Skulpturenensembles – der monumentalen, rund 2 m hohen Steinfiguren von Christus, Maria und den Aposteln, die an den Chorpfeilern des Kölner Doms angebracht sind.[4] Zusammen mit anderen von der Dombauhütte geschaffenen Bildwerken wirkten die in der Zeit um 1300 entstandenen Chorpfeilerfiguren prägend auf die nachfolgende Skulpturenproduktion in Köln.[5] Einige der Skulpturen aus

St. Aposteln weisen enge motivische Übereinstimmungen mit ihnen auf, wie die Gegenüberstellung einer der Figuren mit Jakobus Minor im Domchor zeigt (Abb. 6–7). Die Ähnlichkeit findet sich nicht nur in der Körperhaltung mit ausgestreckter linker Hüfte und der Positionierung der Hände mit erhobener Linken und leicht gesenkter Rechten, sondern sie erstreckt sich auch auf Details wie die Falten des Mantels, die an der linken Seite der Figur in einer nahezu identisch gestalteten Kaskade herabfallen, oder die in der Mitte gescheitelten, um die Ohren stark gebogenen Kopfhaare und die voluminösen Bartlocken.[6] Angesichts der erheblichen Größenunterschiede der Skulpturen und der Positionierung der Domchorstatuen hoch an den Pfeilern im Domchor ist es unwahrscheinlich, dass die Jakobusfigur und die anderen Chorpfeilerapostel unmittelbar als Vorbilder für die Skulpturen in St. Aposteln dienten.[7] Vielmehr könnten Figurentypen und Motive von den monumentalen Domchorfiguren

Abb. 6 (oben links außen): Apostel Jakobus Minor, Anfang 14. Jh. Köln, Hohe Domkirche, nördlicher Chorpfeiler D 12 (Foto: Hohe Domkirche Köln, Dombauhütte, Matz und Schenk)

Abb. 7 (oben links): Apostel Jakobus Minor, um 1350. Köln, St. Aposteln (Foto: Christoph Kraneburg, Köln)

Abb. 8 (folgende Doppelseite): Marienstatt, Abteikirche, Hochaltarretabel im geöffneten Zustand, um 1350 (Foto: Bildarchiv Foto Marburg, fmc437548, Michael Jeiter)

Abb. 9 (oben rechts): Apostel Petrus, um 1350. Köln, St. Aposteln (Foto: Christoph Kraneburg, Köln)

Abb. 10 (oben rechts außen): Apostel Petrus aus dem Hochaltarretabel, um 1350. Marienstatt, Abteikirche (Foto: LVR-ADR, Johannes Wilhelm Schwanz)

Abb. 11 (rechte Seite links): Apostel Petrus, Anfang 14. Jh. Köln, Hohe Domkirche, südlicher Chorpfeiler C 19 (Foto: Hohe Domkirche Köln, Dombauhütte, Matz und Schenk)

Abb. 12 (rechte Seite Mitte): Apostel Johannes Evangelist, um 1350. Köln, St. Aposteln (Foto: Christoph Kraneburg, Köln)

Abb. 13 (rechte Seite rechts): Stehende Muttergottes, Köln, um 1340–1350. Köln, Museum Schnütgen (Foto: RBA Köln, rba_c006154)

über Vorlagen wie zeichnerische Musterblätter oder kleinformatige Modelle in die Werkstätten Kölner Bildhauer gelangt sein.[8]

Mit ihren überaus schlanken, gelängten Proportionen unterscheiden sich die Apostelskulpturen stilistisch deutlich von den Chorpfeilerfiguren.[9] In dieser Hinsicht stehen sie einer zweiten Apostelreihe Kölner Herkunft besonders nah, der des um 1350 entstandenen Flügelaltars in der Zisterzienserabtei in Marienstatt (Abb. 8).[10] Wie Ulrike Bergmann feststellte, gehen die Beziehungen zwischen den Aposteln in Marienstatt und denjenigen aus St. Aposteln über den reinen Stil hinaus und beinhalten zum Teil auch übereinstimmende Figurentypen.[11] So hat der hl. Petrus aus St. Aposteln ein nahezu identisch gestaltetes Pendant in der Petrusfigur in Marienstatt (Abb. 9–10), dass man bei diesen beiden wahrscheinlich von einem direkten Werkstattzusammenhang ausgehen kann.[12] In der Haltung, der Anlage der Gewänder und der Charakterisierung des Kopfes rekurrieren die beiden Petrusfiguren auch – ebenfalls wohl über eine Vorlage – auf das Vorbild des monumentalen Petrus im Kölner Domchor (Abb. 11).

Einige der Apostelfiguren wiederum finden keine unmittelbaren Entsprechungen unter den Chorpfeileraposteln oder den Aposteln in Marienstatt. Besonders auffällig ist die Figur des Johannes Evangelist (Abb. 12), die von den Johannesfiguren an den beiden genannten Orten deutlich abweicht.[13] Hinsichtlich des Figurentyps, der Gewandmotive und der Physiognomie hat die Skulptur ihre nächstverwandte Parallele nicht etwa in einer Kölner Apostelfigur, sondern in einer um 1340/50 in Köln entstandenen Standfigur der Muttergottes mit Kind im Museum Schnütgen (Abb. 13).[14] Die Verbindungen der Apostelskulpturen mit denjenigen im Kölner Dom, in Marienstatt und mit anderen Kölner Heiligenfiguren deuten darauf hin, dass in der für die Ausführung der Skulpturen

verantwortlichen Werkstatt, die eventuell mit derjenigen der Marienstätter Apostel identisch ist, verschiedene Vorlagen und Figurentypen zur Verfügung standen, die für die Anfertigung der einzelnen Apostel ausgesucht und schöpferisch variiert wurden.

Archivalische oder sonstige Quellen, die Aufschluss über die Entstehung der Skulpturen geben würden, haben sich nicht erhalten. Deshalb ist man bei der Datierungsfrage auf die Stilkritik angewiesen. Die engen stilistischen Bezüge der Apostelfiguren zu Kölner Holzskulpturen aus der Mitte des 14. Jahrhunderts wie den Aposteln in Marienstatt oder der Muttergottes im Museum Schnütgen weisen – entgegen früheren Datierungen um 1330 – auf eine Entstehung in den Jahren um 1350 hin.[15] Die Frage, ob die Figuren vor oder nach den ihnen nächstverwandten Aposteln in Marienstatt entstanden sind, ist vom stilistischen Befund her und aufgrund der unterschiedlichen Erhaltungszustände der ihrer ursprünglichen Fassung beraubten Skulpturen aus St. Aposteln und der farbig gefassten Bildwerke in Marienstatt schwer zu beantworten.[16]

Verlorener Glanz

Das heute holzsichtige Erscheinungsbild der Apostelskulpturen entspricht nicht dem Originalzustand und ist das Ergebnis der wechselvollen Geschichte ihrer Restaurierung und Präsentation in neuerer Zeit. Die älteste Nachricht über den Zustand des Figurenensembles stammt von Bock. Laut ihm waren die Skulpturen 1858 „vereinzelt“ und befanden sich „nicht im Zusammenhange mit einem Altare oder einem andern grössern Mobiliargegenstande“.[17] Ferner beklagte er, „dass man, ohne Zweifel in der besten Absicht, vor mehreren Jahren es unternommen hat, die ebengedachten, höchst werthvollen Apostelstatuetten mit einem starken Ueberzuge von Gyps zu grundiren und über das ganze Bildwerk, sogar mit Einschluss der Incarnationstheile, eine monotone Glanzvergoldung zu appliciren“.[18] Damit wären sämtliche Reste einer ehemaligen Farbfassung, falls sie gegen Mitte des 19. Jahrhunderts noch erhalten waren, unter den Schichten von Gipsgrundierung und Glanzvergoldung verschwunden. Neben seiner Beschreibung bildete Bock auch zwei der Apostelfiguren, Simon und Petrus, in einer Zeichnung ab, die zugleich die älteste bekannte Bildquelle zu den Skulpturen ist (Abb. 14). Danach hielten die beiden Apostel zu diesem Zeitpunkt ein aufgeschlagenes Buch vor dem Körper sowie ihr persönliches Attribut, Simon die Säge und Petrus den Schlüssel.[19]

Den von Bock beschriebenen Zustand überliefern zwei historische Fotografien der Skulpturen, die in dem 1905 erschienenen Korpuswerk von Ernst Franz August Münzenberger und Stefan Beissel zu den mittelalterlichen Altären Deutschlands abgedruckt wurden (Abb. 15–16).[20] Sie zeigen die Figuren auf separaten quadratischen Plinthen und mit Vergoldung auf sämtlichen sichtbaren Oberflächen, inklusive der Hände, Gesichter und Haare. Alle Apostel halten ein Buch als Attribut, sind aber mit Ausnahme von Johannes mit dem Kelch, von Bartholomäus mit dem Messer, von Paulus mit dem Rest des Schwertes und von Andreas mit dem Andreaskreuz nicht mit individuellen Attributen ausgestattet. Möglicherweise wurden Attribute, die leicht aus den Händen zu entnehmen waren, vorübergehend für die Aufnahmen entfernt, da die von Bock veröffentlichte Zeichnung Petrus und Simon mit Schlüssel bzw. Säge zeigt (vgl. Abb. 14). Auffällig bei den Fotografien sind außerdem die breiten, herabhängenden Gewandpartien, die sich im Hüftbereich etlicher Figuren finden, wie etwa bei Petrus oder Johannes. Diese könnten auf eine frühere, möglicherweise schon im Barock erfolgte Überarbeitung der Skulpturen hindeuten, bei der die Gewänder anhand angesetzter Holzstücke voluminöser ausgestaltet wurden, um die schlanken gotischen Figuren dem damaligen Zeitgeschmack anzupassen.[21]

Abb. 14: Früheste Bildquelle und Dokumentation des Zustands der Apostelfiguren, hier die Apostel Simon und Petrus (Repro: Bock 1858, Taf. XXVII)

Aus St. Aposteln.

93 b.

92.

93 a.

Waren die Figuren um 1905 noch ohne Zusammenhang, so erfuhren sie alsbald eine Neuaufstellung im Kontext eines Altars zu Ehren der vierzehn Nothelfer, der von Pfarrer Zaun anlässlich seines Goldenen Priesterjubiläums gestiftet und am 29. Mai 1907 eingeweiht wurde.[22] Der von dem Gocher Bildhauer Ferdinand Langenberg (1849–1931) ausgeführte Nothelferaltar befand sich im Südarm des Westquerhauses, an der Ostwand in direkter Nachbarschaft der seit 1825 an der Süd- und Westwand aufgestellten Skulpturen der vierzehn Nothelfer.[23] Das Aussehen des Altars zur Zeit der Weihe überliefert eine im selben Jahr entstandene Aufnahme aus dem Nachlass Langenbergs (Abb. 17): Auf der Mensa eines wiederhergestellten romanischen Blockaltars aufgestellt, orientierte sich das Retabel in seiner Form als Flügelaltar und in der neugotischen Formensprache an dem Vorbild hochgotischer Flügelaltäre wie dem Marienstätter Altar (vgl. Abb. 8).[24] Ähnlich wie in Marienstatt wurden die gotischen Apostelfiguren in den Nischen der oberen Arkadenreihe des Altars aufgestellt, zu beiden Seiten einer breiten Mittelnische mit einem wohl von Langenberg geschaffenen Reliquienschrein der vierzehn Nothelfer und über einer Gruppe von acht Reliquienbüsten des 14. Jahrhunderts in den Nischen der unteren Arkadenreihe.[25] Über dem Altar wachte die monumentale spätgotische Holzfigur des Erzengels Michael aus dem ehemaligen Kloster Weidenbach.[26]

Abb. 15–16 (linke Seite): Apostelfiguren mit der Vergoldung des 19. Jahrhunderts und ergänzten Gewandpartien. Köln, St. Aposteln (Repro: Münzenberger/Beissel 1905, Lieferung XV, Taf. 5–6)

Abb. 17: Nothelferaltar, Ferdinand Langenberg, 1907. Köln, St. Aposteln, ehem. Südarm des Westquerhauses (Foto: Museum Goch, NL Langenberg, Fotosammlung Nr. A 73)

Im Zuge der Aufstellung im Nothelferaltar wurden weitere Veränderungen an den Skulpturen vorgenommen, die sich anhand von drei historischen Detailaufnahmen nachvollziehen lassen (Abb. 18–20). Dazu gehörte offenbar die Hinzufügung der heute noch erhaltenen profilierten, achtseitigen Sockelplatten aus Eichenholz, auf denen die Figuren im Altarschrein standen. Auf den Fotografien halten außerdem alle zwölf Apostel nun ein Attribut: Judas Thaddäus das Beil, Jakobus Minor die Walkerstange, Matthäus die Hellebarde, Paulus das Schwert, Johannes den Kelch, Andreas das Andreaskreuz, Petrus den Schlüssel, Philippus den Kreuzstab, Bartholomäus das Messer, Simon die Säge, Jakobus Maior den Pilgerstab mit Muschel, Thomas das Winkelmaß. Unklar bleibt, ob einzelne Attribute möglicherweise erst anlässlich der Aufstellung der Skulpturen im Nothelferaltar 1905/07 ergänzt wurden oder ob sämtliche Attribute bereits vorhanden waren.[27]

Knapp fünfzig Jahre nach der Aufstellung im Nothelferaltar wurden die Skulpturen 1956 einer

grundlegenden Restaurierung durch die Kölner Restauratorin Grete Brabender (1896–1995) unterzogen, welche das Erscheinungsbild der Bildwerke maßgeblich prägte und es bis heute bestimmt (vgl. Abb. 3–4).[28] Dabei wurden die Figuren von der Glanzvergoldung des 19. Jahrhunderts befreit und bis auf die Holzoberfläche freigelegt. Die wohl im Barock hinzugefügten, angesetzten Gewandpartien sowie alle Attribute außer des Schwertes von Paulus und des Pilgerstabs von Jakobus Maior, beide heute noch erhalten, wurden entfernt, die achtseitigen Sockelplatten von der Aufstellung im Nothelferaltar jedoch beibehalten. Besonders die Freilegung bedeutete einen drastischen Wandel im Erscheinungsbild der vorher gänzlich vergoldeten Figuren. Wenngleich der Zustand der Holzsichtigkeit angesichts einer anzunehmenden ursprünglichen Farbfassung oder Vergoldung der Skulpturen verfälschend ist, wurde die Lesbarkeit der feinen Schnitzarbeit durch die Entfernung der historisierenden Glanzvergoldung wesentlich erhöht.

Anfang der 1970er-Jahre setzten Überlegungen zu einer Neuaufstellung der restaurierten Skulpturen ein, wofür Entwürfe 1971/72 von Sepp Hürten (1928–2018) und 1978 von Hanns Rheindorf (1902–1982) vorgelegt wurden.[29] Der Auftrag für ein neues, im Ostchor aufzustellendes Apostelretabel ging schließlich 1980 an den Bildhauer und Kunstschmied Paul Nagel.[30] Abgesehen von kleineren, im Zeitraum von 1984 bis 1988 durchgeführten Konservierungsmaßnahmen wurden die Figuren 1988 weitestgehend in der 1956 geschaffenen Verfassung in das Retabel von Nagel integriert (vgl. Abb. 2).[31] Dort wurden

Abb. 18 (links): Judas Thaddäus, Jakobus Minor, Matthäus und Paulus, ehem. Aufstellung im Nothelferaltar, vor 1916. Köln, St. Aposteln (Foto: Bildarchiv Foto Marburg, fm1086421)

Abb. 19 (Mitte): Johannes, Andreas, Petrus und Philippus, ehem. Aufstellung im Nothelferaltar, vor 1916. Köln, St. Aposteln (Foto: Bildarchiv Foto Marburg, fm1086420)

Abb. 20 (rechts): Bartholomäus, Simon, Jakobus Maior und Thomas, ehem. Aufstellung im Nothelferaltar, vor 1916. Köln, St. Aposteln (Foto: Bildarchiv Foto Marburg, fm1086422)

sie auf Messingkonsolen mit namentlichen Bezeichnungen platziert, die auf der Identifizierung der Apostel anhand der für die Aufstellung im Nothelferaltar fotografisch überlieferten Attribute beruht.

Chorgestühl oder Retabel?

Lässt sich die Aufstellungsgeschichte der Skulpturen seit dem Anfang des 20. Jahrhunderts gut nachvollziehen, so bleibt die Frage nach ihrer ursprünglichen Bestimmung. Bock zufolge waren die Skulpturen 1858 bereits „vereinzelt“. In diesem Zusammenhang verwies er auf „eine glaubwürdige mündliche Tradition von Augenzeugen“, wonach „die eben beschriebenen zwölf Statuetten dazu [dienten], gleichsam als obere Bekrönung [der] reich geschnitzten Chorschranken, wahrscheinlich unter ebenso reich geschnitzten Baldachinen aufgestellt zu werden“.[32] Mit „reich geschnitzten Chorschranken“ ist das gotische Chorgestühl von St. Aposteln gemeint, das sich zu Bocks Zeit in der Ostkonche des Kleeblattchors befand, bevor ein Teil davon vor 1912 in die Sammlung Schnütgen gelangte (Abb. 21–22).[33] Wie die 1975 aufgedeckten Reste eines zweistufigen Unterbaus in der Ostvierung belegen, war das mächtige Chorgestühl aus Eichenholz mit den jeweils 8,55 m langen Sitzreihen ursprünglich in Nord-Süd-Achse zwischen den östlichen Vierungspfeilern aufgestellt (Abb. 23).[34] Mit Verweis auf die in seinen Augen engen stilistischen Bezüge zwischen den Apostelskulpturen und dem Gestühl nahm Bock an, dass die Figuren von Anfang an für eine Aufstellung im Zusammenhang mit dem Chorgestühl bestimmt waren.[35]

Bocks Annahme hat mehrfach Eingang in die Forschungsliteratur gefunden.[36] Dabei ist unklar, ob die bei Bock für das 19. Jahrhundert überlieferte Platzierung der Figuren auf dem Chorgestühl den ursprünglichen Standort widerspiegelt. Die Aufstellung dort kann genauso gut erst in nachmittelalterlicher Zeit erfolgt sein,

nachdem die Skulpturen aus einem anderen, ursprünglichen Aufstellungskontext in St. Aposteln herausgelöst worden waren.[37] Dass die Figuren nicht einheitlich mit dem Chorgestühl geplant und ausgeführt wurden, zeigt sich jedenfalls in den unterschiedlichen Stilrichtungen der beiden skulpturalen Ensembles: Weisen das Blattwerk und die Maßwerkformen des Chorgestühls auf eine Entstehung um 1300 hin, sind die Apostelfiguren aufgrund der stilistischen Beziehungen zu den Aposteln in Marienstatt und anderen Kölner Holzskulpturen aus der Mitte des 14. Jahrhunderts in die Zeit um 1350 zu datieren.[38]

Gerade die engen inhaltlichen und formalen Übereinstimmungen mit den Marienstätter Aposteln lassen eine andere Bestimmung wahrscheinlicher erscheinen:[39] die Aufstellung in einem reich verzierten Flügelaltar wie demjenigen in Marienstatt (vgl. Abb. 8), dem wahrscheinlich etwas später, um 1350/60 entstandenen sogenannten Klarenaltar aus dem Kölner Klarissenkloster St. Klara oder dem Schnitzaltar in der Liebfrauenkirche zu Oberwesel, dessen obere Figurenreihe um 1350 datiert wird (Abb. 24–25).[40] In Analogie zu diesen drei frühen rheinischen Retabeln ist eine Anordnung der Apostelfiguren in einer Arkadenreihe in einem oberen Register anzunehmen. So aufgestellt und mit einer Farbfassung oder Vergoldung versehen, hätten die Skulpturen ein den erhaltenen Altären vergleichbares Erscheinungsbild geboten: eine Reihe „lebendiger" Apostel, in Nischen stehend, überfangen von prunkvoll geschnitzten Arkaden mit filigranem Maßwerk und bekrönenden Wimpergen. Wie für die Bildwerke in den Altären in Marienstatt, Oberwesel oder aus dem Kölner Klarissenkloster ist auch von einer sich stetig wandelnden Sichtbarkeit der Apostelskulpturen auszugehen: An Werktagen hinter den geschlossenen Flügeln des Altars verborgen, wären sie zusammen mit anderen im Altarschrein anzunehmenden Skulpturen bei der feierlichen Öffnung des Retabels an Festtagen sichtbar gewesen. Über die sonstige Skulpturenausstattung und das Bildprogramm eines solchen Retabels kann nur spekuliert werden. Schaut man nach Marienstatt oder Oberwesel, flankieren die Apostel dort jeweils eine zentrale Christus-Maria-

Gruppe, die den Triumph Mariens zum Thema hat und die Apostel entsprechend in eine Rolle als Zeugen der Verherrlichung Mariens versetzt.[41] Dieses Bildthema wäre für St. Aposteln nicht nur plausibel, sondern es hätte durchaus einen tieferen inhaltlichen Sinn ergeben, handelte es sich bei den Aposteln und Maria doch um die Hauptpatrone des Stifts und der Kirche, die entsprechend in einem prachtvollen Retabel vereint gewesen wären.

Spurensuche nach dem Standort

Damit stellt sich die Frage, für welchen Altar in der Stiftskirche ein solches Retabel bestimmt gewesen sein könnte. Die erhaltenen rheinischen Schnitzaltäre aus dem 14. Jahrhundert wurden jeweils für hochrangige Altäre gefertigt und die Aufstellung eines für St. Aposteln zu rekonstruierenden Flügelaltars auf einem Nebenaltar erscheint aus diesem Grund sowie angesichts der gewaltigen Dimensionen der überlieferten Beispiele unwahrscheinlich.[42] Unter den mittelalterlichen Altären von St. Aposteln waren drei von besonders großer Bedeutung für die Stiftsliturgie – ein Rang, der sich auch in der Anordnung

Abb. 21 (linke Seite links): Chorgestühl, ehem. Köln, St. Aposteln. Tuschezeichnung, August Lange, um 1860, KSM, Graphische Sammlung (Foto: RBA Köln, rba_mf130200)

Abb. 22 (linke Seite rechts): Chorgestühlwange mit Drachen und Blattwerk, um 1300. Ehem. Köln, St. Aposteln, jetzt Museum Schnütgen (Foto: RBA Köln, rba_d050859)

Abb. 23: Köln, St. Aposteln, Grundriss, a: westlicher Hochaltar, geweiht Paulus und den übrigen Aposteln, b: östlicher Hochaltar St. Marien, c: Kreuzaltar. Zwischen b und c befand sich das Chorgestühl (Plan: Verlag Schnell & Steiner, Grundriss und Zeichnung: Clemens Kosch)

Abb. 24 (folgende Doppelseite): Retabel aus dem Klarissenkloster im geöffneten Zustand (Öffnung 2), 1350–1360. Ehem. Köln, St. Klara, jetzt Hohe Domkirche, nördliches Seitenschiff (Foto: Hohe Domkirche Köln, Dombauhütte, Matz und Schenk)

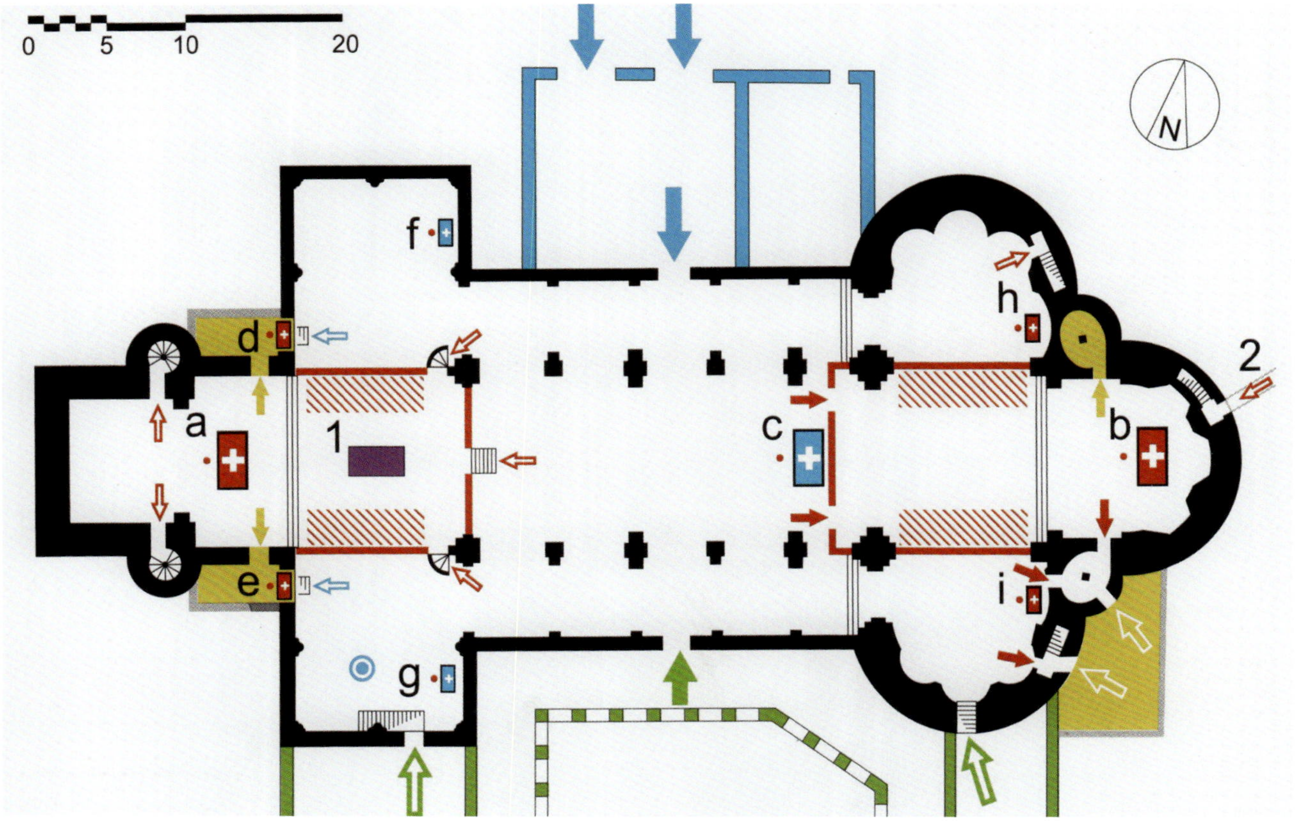

dieser Altäre auf der Mittelachse des Kirchenbaus zeigt (vgl. Abb. 23): der dem hl. Paulus und den übrigen Aposteln geweihte Altar im Westchor, der vor der ehemaligen Abschrankung des Ostchors befindliche Kreuzaltar und der Marienaltar im Ostchor.[43]

Aufgrund des Patroziniums würde die Aufstellung eines Retabels mit einem Apostelzyklus auf dem Apostelaltar zunächst naheliegend erscheinen. Blickt man jedoch auf die besondere liturgische Topografie des Westchors, in dem sich der Kanonikerchor in der Westvierung befand, und geht man von einer Ausrichtung des Priesters am Altar nach Osten aus, dann käme der Apostelaltar als Standort für ein großes Retabel kaum infrage, weil Letzteres den im Kanonikerchor versammelten Kanonikern die Sicht zum Zelebranten vollkommen versperrt hätte. Einzelheiten über die räumliche Situation um den Kreuzaltar vor der ehemaligen Abschrankung zum Ostchor sind unbekannt, sodass unklar bleibt, ob ein Schnitzaltar in der Größenordnung der erhaltenen frühen rheinischen Retabel an dieser Stelle hätte aufgestellt werden können. Ausschließen lässt sich dies nach dem aktuellen Wissensstand nicht.

Als weiterer Standort kommt schließlich der Marienaltar im Ostchor in Betracht. Neben dem Westchor wurde auch der Ostchor für die Feier der Konventsmesse und das Stundengebet der Kanoniker genutzt. Mit dem Bau der neuen Drei-

Abb. 25: Oberwesel, Liebfrauenkirche, Hochaltarretabel in geöffnetem Zustand, obere Figurenreihe um 1350 (Foto: Bildarchiv Foto Marburg, fm3000518, Michael Buchkremer)

konchenanlage Ende des 12. Jahrhunderts gewann der östliche Marienchor zunehmend an liturgischer Bedeutung gegenüber dem westlichen Apostelchor.[44] Nach dem im späten 13. Jahrhundert verfassten älteren Liber Ordinarius von St. Aposteln, einem „Regiebuch" für die Stiftsliturgie, nahm der Ostchor mit dem Marienaltar eine besondere Stellung bei hohen Festtagen ein.[45] Die Aufstellung eines großen Flügelaltars auf dem Marienaltar wäre räumlich möglich gewesen, zudem hätte es damit eine mit Marienstatt oder Oberwesel vergleichbare liturgisch-topografische Situation gegeben, bei der die Kleriker im Chorgestühl während der Messfeier zum östlichen Hauptaltar mit dem Retabel aufgeblickt hätten.[46] Aus diesen Gründen und angesichts der oben beschriebenen Problematik um den westlichen Apostelaltar stellt der Marienaltar den wahrscheinlichsten Aufstellungsort für einen solchen Flügelaltar in St. Aposteln dar. Möglicherweise ist der Grund für die Beseitigung des Retabels unter Beibehaltung der Apostel als Patronatsheilige in der wohl bereits um 1643, sicher dann ab 1761 erfolgten Errichtung eines neuen Hochaltars im Ostchor zu suchen.[47] Anschließend hätten die Apostelfiguren Aufstellung auf den Chorschranken oder dem Chorgestühl im Ostchor finden können, wo sie letztlich von den von Bock zitierten Augenzeugen in der ersten Hälfte des 19. Jahrhunderts gesehen wurden.

Mangels Quellen müssen solche Überlegungen zu dem möglichen Aufstellungsort eines ehemaligen Retabels im Bereich der Vermutungen bleiben. Sicher ist in jedem Fall der hohe künstlerische Anspruch der Apostelskulpturen, die trotz aller Veränderungen in neuerer Zeit noch von der großen Kunstfertigkeit Kölner Bildschnitzer im 14. Jahrhundert zeugen. Zugleich weisen die Figuren auf die Existenz eines sicherlich aufwändig gestalteten Schnitzretabels in St. Aposteln aus der Zeit um 1350 hin, das vielleicht etwas früher als der berühmte Klarenaltar entstand. Damit sind sie Zeugnis eines zweiten, zwar fragmentarisch überlieferten, aber durchaus bedeutenden Frühbeispiels dieser Objektgattung auf Kölner Stadtgebiet.

1 Bock 1858, unter St. Aposteln, Nr. 93, S. 6.
2 Vgl. Münzenberger/Beissel 1905, S. 214; Ewald/Rahtgens 1916, S. 146f.; Hamann 1929, 271f.; Kat. Köln 1972/73, Bd. 1, Kat.-Nr. N 5, S. 362 (Anton Legner); Legner 1973, S. 452, 454; Bergmann 1989, S. 51, 53; Wilhelmy 1993, S. 29f.; Sebald 1993, S. 83f., 87f.; Stracke 1995, S. 81, 85; Wolf 2002, S. 112, 311, 328, 332.
3 Die Skulpturen befanden sich von Herbst 1976 bis zur Neuaufstellung im Retabel 1988 in der Restaurierungswerkstatt I des Rheinischen Amts für Denkmalpflege in Bonn. Dort wurden sie untersucht und vorbereitend für die Neupräsentation konserviert. Mein Dank gilt Dipl.-Rest. Marc Peez (LVR-Amt für Denkmalpflege) und Dr. Anna Pawlik (Erzbistum Köln) für die Überlassung des Restaurierungsberichts (im Folgenden als „Restaurierungsbericht LVR-ADR, Obj.-Nr. P 318" zitiert). Obige Maßangaben (ohne hölzerne Sockelplatten) nach der Vermessung der Figuren im Restaurierungsbericht LVR-ADR, Obj.-Nr. P 318, S. 1.
4 Die Verwandtschaft mit den Chorpfeilerfiguren wurde bereits in der älteren Forschung konstatiert, konkrete Vergleiche der Skulpturen mit den Domchorstatuen wurden dabei aber nicht angeführt. So bereits Bock 1858, unter St. Aposteln, Nr. 96, S. 6; siehe ferner Renard 1907, S. 99; Ewald/Rahtgens 1916, S. 146; Hamann 1929, S. 271; Kat. Köln 1972/73, Bd. 1, Kat.-Nr. N 5, S. 362 (Anton Legner); Bergmann/Lauer 1984, S. 40, 42; Stracke 1992, S. 203; Stracke 1995, S. 85.
5 Bergmann/Lauer 1984; Bergmann 1989, Kat.-Nr. 85, S. 309. Die Datierung der Chorpfeilerfiguren ist in der Forschung höchst umstritten und die unterschiedlichen Vorschläge hierzu können an dieser Stelle kaum referiert werden. Siehe hierzu und resümierend zu früheren Positionen Bergmann 2014, besonders S. 9f., die für eine Entstehung im frühen 14. Jahrhundert, vor der Weihe des Domchors 1322, plädiert.
6 Die Hände sind ergänzt; siehe Restaurierungsbericht LVR-ADR, Obj.-Nr. P 318, S. 5, Apostel Nr. 7 und Anlage B, Apostel Nr. 7. Danach handelt es sich bei der linken Hand mit Buch um eine „ältere Ergänzung" und bei der rechten um eine „jüngere Ergänzung", beide aus Lindenholz.
7 Bergmann 2014, S. 30.
8 Bergmann 2014, S. 29f.
9 Bergmann/Lauer 1984, S. 40.
10 Kat. Köln 1972/73, Bd. 1, Kat.-Nr. N 5, S. 362 (Anton Legner); Bergmann 1989, Kat.-Nr. 85, S. 309. Zu den Apostelskulpturen im Marienstätter Altar siehe Wilhelmy 1993, S. 28–34.
11 Bergmann 1989, S. 51.
12 Bergmann 1989, S. 51; Wilhelmy 1993, S. 29.
13 Vgl. die Abbildungen in Kölner Domblatt 77 (2012), Tafelteil, Taf. 4b (hl. Johannes im Dom) und bei Wilhelmy 1993, S. 32, Abb. 16, mittlere Figur (hl. Johannes aus Marienstatt).
14 Inv. Nr. A 51; zur Muttergottesfigur siehe Bergmann 1989, Kat.-Nr. 80, S. 298.
15 Bergmann 1989, S. 53; Wilhelmy 1993, S. 30; Sebald 1993, S. 83f.; Wolf 2002, S. 311, 332. Datierung um 1330: Kat. Köln 1972/73, Bd. 1, Kat.-Nr. N 5, S. 362 (Anton Legner); Legner 1973, S. 452, 454.
16 Vgl. Wilhelmy 1993, S. 30, der unter Verweis auf die „etwas mehr nach oben gezogenen Oberkörper" der Figuren aus St. Aposteln eine etwas spätere Entstehung gegenüber dem Marienstätter Apostelzyklus in Erwägung zieht.
17 Bock 1858, unter St. Aposteln, Nr. 93, S. 7.
18 Bock 1858, unter St. Aposteln, Nr. 93, S. 7.
19 Leider erwähnt Bock in seiner Beschreibung nicht, ob die anderen Apostelfiguren zu dieser Zeit auch mit individuellen Attributen ausgestattet waren.
20 Münzenberger/Beissel 1905, Lieferung XV, Taf. 5–6.
21 Restaurierungsbericht LVR-ADR, Obj.-Nr. P 318, S. 1f. Wie dort vermerkt wird, scheinen die ergänzten Gewandpartien im Zuge einer 1956 erfolgten Konservierung der Figuren durch Grete Brabender, Köln, entfernt worden zu sein. Die Ergänzungen sind auch bei der Darstellung von Petrus und Simon auf der von Bock veröffentlichten Zeichnung zu sehen, siehe Abb. 14.

22 Zum Altar siehe ausführlich Kleffner 2008, S. 108f.; Fraquelli 2010, S. 106–108.
23 Zu den Skulpturen der Nothelfer siehe Kaiser 2001/02, S. 117.
24 Kleffner 2008, S. 109f.
25 Zum Reliquiar siehe Czymmek 2007, S. 116, mit der Zuschreibung an die Werkstatt Langenbergs. Zu den Reliquienbüsten Czymmek 2007, S. 107–111.
26 Ewald/Rahtgens 1916, S. 147.
27 Wie oben vermerkt, könnten Attribute, die auf den Aufnahmen von 1905 fehlen (Abb. 15, 16), für diese Aufnahmen entfernt worden sein, sie waren aber möglicherweise zu diesem Zeitpunkt vorhanden.
28 Die 1956 durchgeführten Maßnahmen sind kurz aufgelistet im Restaurierungsbericht LVR-ADR, Obj.-Nr. P 318, S. 1.
29 Krings/Schwab 2007, Chronik St. Aposteln, S. 39f. (Hürten), S. 43f. (Rheindorf).
30 Krings/Schwab 2007, Chronik St. Aposteln, S. 44, 49f.
31 Aufgeführt in Restaurierungsbericht LVR-ADR, Obj.-Nr. P 318, S. 5–9.
32 Bock 1858, unter St. Aposteln, Nr. 93, S. 7.
33 Inv. Nr. A 157; Witte 1912, S. 98, Taf. 92.2.
34 Stracke 1992, S. 201–203; Stracke 1995, S. 81; Kosch 2000, S. 28.
35 Bock 1858, unter St. Aposteln, Nr. 93, S. 7: „Mit dieser traditionellen Angabe der ehemaligen Verwendung dieser Statuetten stimmt in der That auch das zierliche und reiche Schnitzwerk überein, das sich heute noch an den schönen Chorstühlen in der Chorrundung von St. Aposteln erhalten hat und dessen Entstehung ebenfalls in den Beginn des XIV. Jahrhunderts zu setzen ist."
36 Beispielsweise in den viel rezipierten Inventarband von Ewald/Rahtgens 1916, S. 146. Siehe auch Stracke 1992, S. 203; Stracke 1995, S. 81, 85.
37 Obwohl die Figuren erst im 19. Jahrhundert in St. Aposteln nachweisbar sind, ist die Apostelkirche mit allergrößter Wahrscheinlichkeit ihr ursprünglicher Bestimmungsort. Es bestehen keine Indizien für eine Übernahme der Bildwerke aus einer anderen, im Zuge der Säkularisation aufgelösten Kirche, wie dies in solchen Fällen in der Regel auch überliefert ist, vielfach über die Ausführungen von Bock selbst. Auch die von Bock zitierten „Augenzeugen", die die Situation in der ersten Hälfte des 19. Jahrhunderts kannten und ihm die ehemalige Aufstellung der Figuren auf dem Gestühl mündlich überlieferten, wussten offenbar nicht über eine andere Herkunft der Skulpturen zu berichten.
38 Zur zeitlichen Stellung des Chorgestühls Witte 1912, S. 98, Taf. 92.2.
39 Mit einer Durchschnittshöhe von ca. 46 cm weisen die Apostel in Marienstatt, die ebenfalls vollrund gearbeitet sind, nahezu identische Maße mit denjenigen aus St. Aposteln auf; Maße nach Wolf 2002, S. 112.
40 Eine mögliche Herkunft der Figuren aus einem Retabel wurde bereits mit deren Auflistung im Korpuswerk von Münzenberger/Beissel 1905, S. 214 impliziert und in der Folge explizit von Hamann 1929, S. 272 unter Verweis auf den Marienstätter Altar vertreten. Darauf aufbauend auch Kat. Köln 1972/73, Bd. 1, Kat.-Nr. N 5, S. 362 (Anton Legner); Bergmann 1989, S. 51, 53; Wilhelmy 1993, S. 29; Wolf 2002, S. 311, 328, 332. – Zur Datierung des Klarenaltars siehe Wolf 2002, S. 85f., zur Datierung des Oberweseler Altars ebd., S. 95–97.
41 Zur Ikonografie des Marienstätter Altars siehe Wilhelmy 1993, S. 41–46; zu Oberwesel siehe Sebald 1993, S. 75–78. Bei der Figur des Salvators in der oberen Mittelnische des Klarenaltars handelt es sich um eine Ergänzung von Christoph Stephan (1797–1864) aus dem Jahr 1861, das Bildthema der ursprünglichen Skulptur an dieser Stelle ist unbekannt; siehe hierzu Schulze-Senger/Hansmann 2005, S. 16, 31.
42 In Marienstatt und Oberwesel jeweils für den Hochaltar, der Klarenaltar entweder für den Hochaltar oder den Altar auf der Nonnenempore im Klarissenkloster St. Klara. Breite in geöffnetem Zustand: Marienstätter Altar ca. 5 m, Oberweseler Altar ca. 6,5 m, Klarenaltar über 6 m; siehe Wolf 2002, S. 89, 95, 112.
43 Stracke 1992, S. 176f. (Marienaltar), 177 (Apostelaltar), 180f. (Kreuzaltar); Odenthal 1994, S. 114–118.
44 Beuckers 1998, S. 270.
45 Odenthal 1994, S. 115: „Der Marienchor mit seinem Hauptaltar wird vornehmlich anlässlich der großen Feste des Kirchenjahres genutzt, so gemäß des ältesten LO [Liber Ordinarius] zum Triduum Paschale [...] und zum Pfingstvigil."
46 Unsicher ist, ob der 1225 vom Weihbischof Walter von Carlisle (amt. 1223–1246) geweihte Schrein der hll. Felix und Adauctus möglicherweise als Bestandteil eines mit dem östlichen Hauptaltar verbundenen Retabels mit zu berücksichtigen ist. Laut Ewald/Rahtgens 1916, S. 158 stand der Holzkern des Schreins, dessen Metallschmuck während der Säkularisation entwendet wurde, „noch bis etwa 1860 in der Hauptkonche des Hauptchores", bevor er spurlos verschwand. In der neueren Forschung wird eine Aufstellung des Reliquienschreins im Mittelalter an einem anderen Ort als im Ostchor angenommen. So sehen Stracke 1992, S. 178, und Odenthal 1994, S. 115, Anm. 136 den Felix-Adauctus-Altar im nordwestlichen Chorwinkelbau als den wahrscheinlichen Standort des Schreins an; Kosch 2000, S. 28–30 hingegen erwägt eine Aufbewahrung in der Schatzkammer im Untergeschoss des nordöstlichen Chorwinkelturms.
47 Zum barocken Hochaltar siehe Kaiser 2001/02, S. 108f. Wie er anmerkt, könnte der östliche Hochaltar im Zuge der Veränderungen in der Kirche nach einer bischöflichen Visitation 1643 eine Neugestaltung erfahren haben, noch vor der in Schriftquellen sicher überlieferten Errichtung eines neuen Hochaltars nach 1761.

Abb. 26: Detail der gotischen Apostelskulpturen, um 1350. Köln, St. Aposteln (Foto: Christoph Kraneburg, Köln)

S.
ERAS
MUS
S.
EUSTA

Heilige des späten Mittelalters

Spätgotische Bildwerke in St. Aposteln aus der Reihe der vierzehn Nothelfer

Reinhard Karrenbrock

Im Südwestquerhaus der romanischen Basilika St. Aposteln befinden sich, dicht nebeneinander gereiht, 14 aus unterschiedlichen Zusammenhängen stammende, zumeist barocke Skulpturen – eine Reihe, die nur durch ihre nahezu identischen Konsolen zu einer Folge der vierzehn Nothelfer miteinander verbunden sind (Abb. 1–2). Vier der Figuren, die wie die übrigen Bildwerke mit einer farbigen, um 1898 erstellten Fassung versehen sind, stammen jedoch noch aus spätmittelalterlicher Zeit; sie wurden in die Reihe integriert, obwohl sie sämtlich aus anderen, heute nicht mehr feststellbaren Zusammenhängen stammen. Diesen vier Skulpturen, von denen drei aus Holz und eine aus Stein gefertigt wurden, gelten die folgenden Überlegungen.

Abb. 1: Detail aus der Gruppe der vierzehn Nothelfer: Hll. Dionysius, Erasmus, Eustachius und Achatius (v. l. n. r.), 2. Hälfte 15. Jh. bis 18. Jh. Köln, St. Aposteln, Westquerhaus (Foto: Christoph Kraneburg, Köln)

Abb. 2 (vorherige Doppelseite): Gruppe der vierzehn Nothelfer, 2. Hälfte 15. Jh. bis 18. Jh. Köln, St. Aposteln, Westquerhaus. Die weiter links stehende Figur des hl. Christophorus ist nicht im Bild zu sehen (Foto: Christoph Kraneburg, Köln)

Abb. 3: Hl. Barbara, 2. Hälfte 15. Jh., verschollen. Ehem. Köln, St. Aposteln (Foto: RBA Köln, rba_035229)

Abb. 4 (rechte Seite links): Hl. Barbara/ehem. Maria mit Christuskind, 1470–1480. Köln, St. Aposteln (Foto: Christoph Kraneburg, Köln)

Abb. 5 (rechte Seite rechts): Christuskind, 1470–1480. Köln, St. Aposteln (Foto: Christoph Kraneburg, Köln)

Von der Muttergottes zur hl. Barbara

Die älteste der vier spätgotischen Skulpturen ist die Figur der hl. Barbara, die um 1470/80 in einer Kölner Bildschnitzerwerkstatt geschaffen wurde.[1] Ursprünglich handelte es sich bei der aus Holz gefertigten Skulptur jedoch um eine Darstellung der Muttergottes mit Kind, die erst später, wohl nach dem Zweiten Weltkrieg, zu einer hl. Barbara umgearbeitet wurde.

Bis dahin gehörte zur Reihe der vierzehn Nothelfer eine andere, aus Stein gearbeitete Skulptur, die in dem Band der Kunstdenkmäler der Rheinprovinz 1916 noch genannt und mit einem Foto abgebildet ist (Abb. 3).[2] Diese recht kompakt und geschlossen angelegte, Hinterschneidungen vermeidende Figur zeigte die hl. Barbara in einem langen, ungegürteten Gewand mit spitzem Ausschnitt; über die Schultern der Heiligen war zudem ein Mantel gelegt, über den ihre Haare in langen, ornamental gewellten Strängen herabfielen. In der linken Hand hielt die Heilige einen schlichten, spätgotischen Kelch, auf der rechten Seite der Figur stand – neben dem Kelch das herausragende Attribut der hl. Barbara – ein schlanker, mit Blendmaßwerk versehener Turm, vor dem in deutlich kleinerem Format ihr Vater Dioscuros am Boden kauernd dargestellt war. Der leicht zur Seite geneigte Kopf der Heiligen, die zu den bedeutendsten Heiligen des späten Mittelalters gerechnet werden kann, wurde zudem mit einem schmalen, mit Edelsteinen und Perlbändern geschmückten Schapel charakterisiert – ein Hinweis auf ihre vornehme Herkunft. Die qualitätvolle Skulptur wird, ihren charakteristischen Stilformen zufolge, in der zweiten Hälfte des 15. Jahrhunderts entstanden sein.

Ersetzt wurde die Steinfigur, die im Zweiten Weltkrieg zerstört worden sein dürfte, durch eine aus Holz gefertigte, ebenfalls spätmittelalterliche Figur der Muttergottes (99 cm hoch), die zur Integration in die Reihe der vierzehn Nothelfer zu einer hl. Barbara umgearbeitet wurde (Abb. 4). Zu diesem Zweck wurde das Kind, das

Maria mit ihrer rechten Hand hielt, entfernt und durch einen Kelch mit Hostie ersetzt, der wie bei der verlorenen Steinfigur auf die hl. Barbara hinweist. Das weitgehend nackte, nur mit einem Tuch bekleidete Kind hat sich, zusammen mit der aus demselben Werkblock gefertigten Hand Mariens, bis heute in St. Aposteln erhalten, wobei die Arme des Kindes heute fehlen (Abb. 5). Besonders charakteristisch ist jedoch der von dichten Locken umfasste Kopf des Kindes gebildet, dessen rundliches Gesicht durch eine hohe Stirn und pausbäckig hervortretende Wangen bestimmt wird; kennzeichnend erscheinen zudem die großen, weit geöffneten Augen unter schmalen Brauen, der leicht geöffnete Mund und das markant herausgearbeitete Kinn – allesamt Merkmale, die in ihrer Gesamtheit dem Kind ein waches, leicht verschmitztes Antlitz verleihen. Die Figur, die in einem Nebenraum der Kirche verwahrt wird, ist – auch in ihrem fragmentarischen Charakter – ein schönes Beispiel spätmittelalterlicher Bildhauerkunst in Köln, das näher untersucht und angemessen präsentiert werden sollte.

Die Figur der hl. Barbara ist, der zeitgenössischen spätmittelalterlichen Mode entsprechend, in ein schlichtes, langes Gewand gekleidet, das – durch Ponderation und seitliche Raffung bedingt – kleinteilig ineinander geschobene Schüsselfalten ausbildet, wobei zugleich das bis zum Boden herabreichende Untergewand sichtbar wird, das oberhalb des Schuhs gestaucht wird. Der relativ weite, eckige Ausschnitt wird von einem Perlband eingefasst – der einzige Schmuck, der die Schlichtheit des Kleides noch unterstreicht (Abb. 6). Über die schmalen Schultern der Heiligen ist zudem ein langer Mantel gelegt, der einst, wie zwei Broschen erkennen lassen, von einem wohl vollplastisch hinterschnittenen Tasselband gehalten wurde, das heute jedoch fehlt. In der linken Hand hält die Heilige eine Märtyrerpalme, in der anderen das ergänzte Attribut mit Kelch und Hostie, das auf die hl. Barbara hinweist.

Besonders charakteristisch ist der frontal zum Betrachter gerichtete Kopf der Heiligen ausgebildet, der von langen, über die Schultern herabfallenden Haaren gerahmt wird, die zudem beiderseits des Gesichtes recht ornamental zurückgewellt sind. Das Gesicht lässt darüber hinaus ähnliche Merkmale erkennen, wie sie auch beim Christkind vorhanden sind: eine hohe Stirn, fein gerundete, glatte Wangen, weit geöffnete, von schmalen, gemalten Brauen überfangene Augen und ein kleines, betont akzentuiertes Kinn.

Die Figur weist somit, wie insbesondere am Kopf leicht deutlich wird, charakteristische Merkmale auf, wie sie in der Kölner Skulptur der Zeit um 1460 bis 1480 häufiger anzutreffen sind. Besonders vergleichbar erscheint dabei eine Marienfigur der St. Antonius-Kapelle im niederrheinischen Eyll (zu Kerken gehörend; Abb. 7).[3] Deren Darstellung folgt derselben Grundkomposition, wobei das ungegürtete Gewand hier – nur einzelne, ineinander gestaffelte Faltenkissen ausbildend – sehr viel ruhiger angelegt erscheint. Das Christkind, das mit einem leinernen Hemdchen bekleidet ist, trägt Maria dort allerdings auf der linken (ergänzten) Hand, anders als bei der Figur in St. Aposteln, die das Kind einst mit ihrer rechten Hand hielt. Eng verwandt erscheinen darüber hinaus die Köpfe der beiden Figuren, die auch in ihren strengen Frisuren gut vergleichbar sind. Die Gesichtszeichnung ist in Eyll jedoch deutlich differenzierter, da hier seit einer Restaurierung 2013 weitgehend die ursprüngliche, fein abgestufte Farbigkeit (soweit erhalten) zu sehen ist – zugleich ein Hinweis auf die Bedeutung der originalen Farbfassung, durch die ein mittelalterliches Bildwerk zumeist erst vollendet wurde. Die bunte Farbigkeit des Gewandes, die bei der jüngsten Restaurierung der Figur nur gereinigt und konserviert wurde, entspricht dagegen nicht der ursprünglichen Farbgebung.[4]

Abb. 6: Hl. Barbara, Detail, 1470–1480. Köln, St. Aposteln (Foto: Christoph Kraneburg, Köln)

Abb. 7 (rechte Seite oben): Madonna, 1460–1480. Kerken-Eyll (Kreis Kleve), St. Antonius-Kapelle (Foto: LVR-ADR, Viola Blumrich)

Abb. 8 (rechte Seite unten): Sog. Rosenkranzmadonna, 1475. Köln, St. Andreas (Foto: Christoph Kraneburg, Köln)

Die Figur der hl. Barbara in St. Aposteln und die Marienfigur in Eyll gehören zu einem großen Komplex spätmittelalterlicher Skulpturen, die allesamt zwischen 1460 und 1480 in Köln entstanden sein dürften.[5] Die zentrale Figur dieses Werkkreises bildet die Madonna in St. Andreas in Köln, die zudem anhand historischer Quellen recht genau zu datieren ist, was die Bedeutung dieser Skulptur noch unterstreicht (Abb. 8).[6] Die unterlebensgroße Marienfigur, die erst nach der Säkularisation aus der Dominikanerkirche Hl. Kreuz in die St. Andreaskirche übertragen wurde, wurde 1475 im Beisein Kaiser Friedrich III. (reg. 1452–1495) durch den Apostolischen Nuntius als Patronin der Rosenkranzbruderschaft des Klosters geweiht. Die überaus charakteristische, zudem qualitativ herausragende Figur, die in Komposition und Stil auf niederländische Vorbilder zurückweist, ist als Fixpunkt kölnischer Skulptur der Zeit zwischen 1460 und 1480 anzusehen. In diesem großen Stilzusammenhang, zu dem auch die hl. Barbara in St. Aposteln gerechnet werden kann, wurde eine Vielzahl von Madonnen, Vesperbildern und Annengruppen geschaffen;[7] darüber hinaus dürften in diesem Werkkreis aber auch Kruzifixe und männliche Heilige gefertigt worden sein, was jedoch einer differenzierteren Untersuchung bedarf.

Die hl. Margaretha

Die nahezu lebensgroße Figur (160 cm hoch) zeigt die hl. Margaretha in einem glatt anliegenden, hochgegürteten Kleid, dessen weiter, runder Ausschnitt durch ein Mieder und ein feinteilig gefälteltes Hemd hochgeschlossen wird (Abb. 9).[8] Über das Gewand ist zudem ein Mantel gelegt, dessen üppiger Stoff in charakteristischen, schlauchförmigen Falten vor den Leib der Heiligen drapiert ist, wobei nur die langen Ärmel und die bis zum Boden herabfallenden Längsfalten des Kleides sichtbar bleiben. Besonders kennzeichnend erscheint zudem das vorgeschobene Bein, das von zwei langen Faltensträngen gerahmt und so akzentuiert wird. Mit der linken Hand hält die Heilige eine Kette, deren Ende um den Hals eines großen, geflügelten Drachens gewunden ist, der vor ihren Füßen am Boden kauert; mit ihrer rechten Hand umfasst sie zudem eine Märtyrerpalme. Überaus markant ist der Kopf der hl. Margaretha gebildet, dessen zur Seite geneigtes, leicht melancholisches Gesicht von modischen Zöpfen gerahmt wird, die beiderseits des Kopfes, ausgehend von einem aus Blüten gebildeten Kranz, in großen Schlaufen herabfallen (Abb. 10).

In ihrer Komposition und ihren charakteristischen Stilformen weist die Figur auf den Werkstattkreis der von Carben'schen Gedächtnis-Stiftung, deren führender Bildhauer mit dem Kölner Meister Wilhelm von Arborch identifiziert werden kann.[9] Den Ausgangspunkt für eine Beschäftigung mit diesem Bildhauer, der zwischen 1506 und 1533 in verschiedenen archivalischen

Quellen nachgewiesen werden kann, bildet eine von ihm 1519 gefertigte Rosenkranztafel der Dominikanerkirche in Dortmund, für die der Kölner Bildschnitzer Wilhelm von Arborch mit 70 Gulden entlohnt wurde. Dieses Werk, das durch die genannten Archivalien nachweislich als Arbeit dieses Meisters bezeugt ist, könnte eine Vorstellung von seinem Schaffen geben, wenn es nicht – wohl nach der Säkularisation – verloren gegangen wäre.[10] Weitere Überlegungen machen es jedoch möglich, das Werk dieses Bildschnitzers zu umreißen, der der unmittelbaren Nachfolge Tilman Heysackers zuzurechnen ist, der – neben Wilhelm von Arborch – als bedeutendster Bildschnitzer im spätmittelalterlichen Köln angesehen werden kann.

Von links nach rechts:

Abb. 9: Hl. Margaretha, 1520–1525. Köln, St. Aposteln (Foto: Christoph Kraneburg, Köln)

Abb. 10: Hl. Margaretha, Detail, 1520–1525. Köln, St. Aposteln (Foto: Christoph Kraneburg, Köln)

Abb. 11: Madonna, 1520–1525. Sinzig, St. Peter (Foto: RBA Köln, rba_037105)

Abb. 12: Madonna, 1520–1525. Ruppichteroth-Schönenberg (Rhein-Sieg-Kreis), St. Maria Magdalena (Foto: LVR-ADR, Alexandra Pottel)

Stilistisch verwandte Bildwerke, die allesamt in der Werkstatt Meister Wilhelms entstanden sein dürften, haben sich in großer Zahl bis heute erhalten, was die herausragende Bedeutung dieses Werkkreises für die Kölner Skulptur nachdrücklich unterstreicht. In ihrer Komposition und in ihren Stilformen unmittelbar vergleichbar erscheinen mehrere Madonnen, darunter die Doppelmadonna der Propsteikirche in Kempen, die – um 1508 entstanden – zu den frühen Werken dieser Werkstatt gehört.[11] In ihrer Stilstufe und auch in der Datierung der hl. Margaretha entsprechend erscheinen dagegen die Madonna der Pfarrkirche in Sinzig und die nahezu lebensgroße Strahlenmadonna der gegen 1517 errichteten Pfarrkirche St. Maria Magdalena in Ruppichteroth-Schönenberg, die trotz ihrer neugotischen Farbfassung zu den herausragenden Werken dieses Kreises zu rechnen ist (Abb. 11–12).[12] Die hl. Margaretha dürfte, wie die beiden Madonnen in Sinzig und Schönenberg, um 1520/25 entstanden sein.

Besonders charakteristisch erscheinen in diesem Zusammenhang die zu lang herabfallenden Schlaufen gebundenen Zöpfe der Figur, die diese zeitliche Ansetzung bestätigen und unterstreichen. Diese überaus modische Haartracht, die nur bei wenigen Skulpturen nachzuweisen ist, findet sich auch bei mehreren Reliquienbüsten der Tilman-Werkstatt, so etwa in den Kirchen St. Johann Baptist und St. Ursula in Köln.[13] In der Goldenen Kammer von St. Ursula befindet sich zudem eine dunkelhäutige, weibliche Reliquienbüste, die, wohl ebenfalls in der Tilman-Werkstatt geschaffen, auch diesen charakteristischen Kopfschmuck besitzt.[14]

Zwei weitere, recht detailliert ausgearbeitete Büsten, die durch einen höchst aufwendigen Kopfputz mit langen, seitlich geschlungenen Zöpfen charakterisiert werden, haben sich zudem in St. Kunibert in Köln erhalten.[15] Der lebensnahe Charakter der Gesichter weist diese Reliquienbüsten als Werke Wilhelm von Arborchs aus, die sich, wie von der Forschung schon früher bemerkt, „durch ihre rundlichen Gesichtszüge und ihr verhalten trauriges Sentiment" von den Büsten Meister Tilmans absetzen.[16] Weitere Büsten aus der Kirche in Müddersheim, im Niedersächsischen Landesmuseum in Hannover und im Kaiser-Wilhelm-Museum in Krefeld (zurzeit im Kramer-Museum in Kempen), die ebenfalls der Arborch-Werkstatt zugeschrieben werden können, weisen zudem, wie an ihrem reichen Kopfputz abgelesen werden kann, bereits in die Zeit um 1520.[17]

In denselben Jahren dürften zudem zwei weibliche Heilige in der Kapelle in Geich (bei Zülpich-Füssenich) entstanden sein, die ebenfalls diesem Werkkreis zugeschrieben werden können.[18] Eine der beiden Heiligen lässt in ihrer charakteristischen Gewanddrapierung sogleich auf diesen Werkkreis schließen, während die andere der beiden Figuren, in ihrer Komposition hiervon abweichend, mit den beschriebenen modischen Zopfschlaufen geschmückt ist; die hl. Margaretha in Köln erscheint so wie eine Kompilation aus diesen beiden Heiligen. Ein herausragendes Beispiel für diese Zusammenhänge bildet darüber hinaus eine Heilige der Kreuzigungsgruppe der Kapelle Klein Jerusalem im niederrheini-

Abb. 13: Unbekannte Heilige, um 1520. Willich-Neersen (Kreis Viersen), Kapelle Klein Jerusalem (Foto: LVR-ADR, Jürgen Gregori)

Abb. 14 (rechte Seite): Hl. Katharina, 1520–1525, Detail. Köln, St. Aposteln (Foto: Christoph Kraneburg, Köln)

schen Neersen,[19] die – trotz ihrer aufwendigen Gewandung und ihres Kopfputzes – in ihrer Bewegung und in ihrem sanft gerundeten Gesichtstypus der hl. Margaretha in St. Aposteln an die Seite gestellt werden kann (Abb. 13).

Derartige Zöpfe lassen sich darüber hinaus auch bei einzelnen Frauen mehrerer zumeist steinerner Grablegungsgruppen im Rheinland nachweisen, die in der Werkstatt Wilhelm von Arborchs gefertigt wurden. Genannt werden können hier die hl. Gräber der Münsterkirche in Essen, in Groß St. Martin in Köln sowie in den Pfarrkirchen in Remagen und Bad Honnef (dat. 1514) – Zeugnisse spätmittelalterlicher Frömmigkeit, deren dichtgedrängte Skulpturen vereinzelt, auch in dem Bemühen um eine Differenzierung der dargestellten Figuren, durch eine derartige modische Haartracht charakterisiert werden.[20] Die hl. Margaretha in St. Aposteln bildet demnach ein weiteres, charakteristisches Beispiel dieser großen kölnischen Werkstatt-Produktion.

Erst eine Verkündigung, dann eine hl. Katharina

Die sehr geschlossen aufgebaute Skulptur zeigt die hl. Katharina (155 cm hoch), von einer leichten Bewegung erfasst, in einem langen, gegürteten Kleid, über das ein weiter, seitlich geraffter Mantel gelegt ist, der die gesamte Figur umfängt (Abb. 14).[21] Mit der linken Hand umfasst die Heilige den Knauf eines Schwertes, das sie schräg vor den Körper hält; als weiteres Attribut ist ihr, von der rechten Hand gehalten, die Märtyrerpalme beigegeben. Hinzuweisen ist zudem auf den großen, auch vorne geschlossenen Kragen, der über Mantel und Kleid gelegt ist und der zugleich einen Rahmen für den betont mädchenhaften Kopf der Heiligen bildet, deren dichte, gescheitelte Haare bis auf die Schultern herabfallen (Abb. 15). Kennzeichnend für die Darstellung erscheint zudem die zurückhaltende, kaum merkliche Bewegung, die sich, durch das vorgeschobene rechte Bein und die angewinkelten Arme akzentuiert, in der leichten, seitlichen Wendung des Kopfes vollendet.

Die Figur weicht in ihrer Darstellung, Komposition und Kleidung demnach deutlich von der üblichen Charakterisierung der hl. Katharina ab, die ansonsten zumeist in reicher, aufwendiger Gewandung als Königstochter dargestellt wird; zudem erscheinen die Attribute der Heiligen hier wenig organisch mit der Figur verbunden, der sie eher additiv beigegeben sind. Das verhaltene Sentiment und der mädchenhafte Charakter der Figur weisen dagegen sehr viel eher auf die jungfräuliche Maria hin, die hier im Moment der Verkündigung dargestellt sein könnte, was durch die leichte, zur Seite hin geöffnete Bewegung und die erwartungsvoll erhobenen Hände noch unterstrichen wird – eine Bewegung, die auf einen

von der Seite herantretenden, heute nicht mehr vorhandenen Erzengel Gabriel hin ausgerichtet gewesen sein dürfte.[22]

In dieselbe Richtung weist zudem auch der breite, flach anliegende Kragen, der sogenannte Goller, der den weiten Ausschnitt des Kleides vollständig verdeckt – ein Hinweis auf die jungfräuliche Maria, die hier wohl ursprünglich dargestellt war. Derartige, weit ausladende Krägen gibt es bei figürlichen Darstellungen in dieser Zeit allerdings, insbesondere bei weiblichen Figuren, nur außerordentlich selten. Vergleichbar erscheint die bereits erwähnte, ebenfalls diesem Werkkreis zuzuschreibende Reliquienbüste im Niedersächsischen Landesmuseum in Hannover, deren prachtvolle, lebensnahe Darstellung mit einem derartigen Kragen versehen ist.[23] In vergleichbarer, allerdings deutlich kleinerer Form findet er sich zudem auch bei den Arbeiten Meister Tilmans, so bei einer männlichen Doppelbüste (hl. Aetherius?) im Museum Schnütgen in Köln und bei einer Büste in St. Margareta in Brühl.[24]

Die Figur der Verkündigungsmaria, die – um in die Reihe der vierzehn Nothelfer integriert werden zu können – zu einer hl. Katharina umgewandelt wurde, dürfte, wie die hl. Margaretha, ebenfalls um 1520–25 in der Werkstatt des Bildschnitzers Wilhelm von Arborch geschaffen worden sein. In ihrer organischen Gesamtkomposition und in ihrer betonten, seitlichen Öffnung fällt die Figur aus den sonst üblichen Schemata dieser Werkstatt heraus, aus der darüber hinaus keine Verkündigungsgruppe bekannt ist. Eine weitere, in ihrer eigenständigen Komposition und in ihrer offenen Gesamtanlage vergleichbare Heilige im Suermondt-Ludwig-Museum in Aachen, die in derselben Werkstatt entstanden sein wird, könnte ebenfalls aus einer Verkündigung stammen, was jedoch noch näher untersucht werden müsste.[25]

Enge Verwandte in St. Pantaleon – der hl. Georg

Die drei weiblichen Heiligen des späten Mittelalters, die in der Barockzeit in die Folge der vierzehn Nothelfer integriert wurden, lassen sich demnach leicht einzelnen Kölner Bildschnitzerwerkstätten zuschreiben. Anders verhält sich dies mit der einzigen männlichen, spätgotischen Skulptur dieser Reihe, die sich zudem auch in ihrem Material – Stein – von den übrigen Figuren abhebt (Abb. 16). Dargestellt ist ein heiliger Ritter, der auf seiner barockzeitlichen Konsole als hl. Georg bezeichnet ist (etwa 160 cm hoch).[26] Der Heilige, der durch ein etwas gezwungen wirkendes Standmotiv charakterisiert wird, ist in eine schwere, spätmittelalterliche Rüstung ge-

kleidet, deren stark taillierter Panzer bis zu den Oberschenkeln herabreicht. Der deutlich vorgewölbte, aus einer einzelnen Platte bestehende Brustbereich ist weitestgehend glatt, während der Bereich direkt unterhalb der Taille durch schmale, geschwungene Bänder charakterisiert wird. Besonders aufwendig sind zudem die Beinpanzer gearbeitet, die im oberen Bereich durch ein Muster aus dicht nebeneinander gesetzten, in ihrer Torsion die Bewegung nachzeichnenden Wülsten strukturiert werden, während sie unterhalb der Knie nur einzelne Riefen aufweisen. Über den Panzer ist zudem ein weiter, die gesamte Figur hinterfangender Mantel gelegt, der beiderseits der Schultern umgeschlagen ist. Mit der rechten, mit einem Metallhandschuh versehenen Hand umfasst der Heilige eine Lanze, die, wie auf einem älteren Foto zu sehen ist, einst als Fahnenlanze ausgebildet war; die andere, ebenfalls behandschuhte Hand fasst auf einen Schild, auf dem ein Adler abgebildet ist.

Besonders prägnant ist zudem der Kopf des Heiligen gestaltet, der von langen, bis über die Schultern herabreichenden Haarwülsten gerahmt wird, die oberhalb der Stirn, dicht nebeneinander gereiht, einzelne Locken ausbilden, die unterhalb eines in sich gedrehten Bandes hervortreten – wohl der Abschluss einer flachen, mützenartigen Kopfbedeckung, die dem Kopf glatt anliegt (Abb. 17). Eingefasst wird das Gesicht darüber hinaus durch einen überaus charakteristischen, dichten Bart, der, oberhalb der Lippen

Abb. 15 (linke Seite): Hl. Katharina, 1520–1525. Köln, St. Aposteln (Foto: Christoph Kraneburg, Köln)

Abb. 16 (oben): Hl. Georg, Anfang 16. Jh. Köln, St. Aposteln (Foto: Christoph Kraneburg, Köln)

Abb. 17 (unten): Hl. Georg, Anfang 16. Jh., Detail. Köln, St. Aposteln (Foto: Christoph Kraneburg, Köln)

ansetzend, bis zu den Wangen herabreicht. Das glatte, markante Gesicht wird zudem durch hochsitzende Wangenknochen und schmale, dünne Brauenbögen bestimmt, unter denen die beinahe geschlossenen Augen plastisch hervortreten.

Die Figur des hl. Georg fällt aus der Reihe der vierzehn Nothelfer und auch aus dem gesamten Skulpturenbestand in St. Aposteln heraus, weshalb die Skulptur – wohl auch aufgrund ihres martialischen Aussehens und ihrer eigenwilligen, nahezu singulär erscheinenden Stilformen – bislang nur wenig Beachtung gefunden hat. Eine genauere Verortung der Figur fällt demnach nicht leicht.

Engste Übereinstimmungen lassen jedoch die Figuren des steinernen, spätgotischen Lettners der ehemaligen Benediktinerabteikirche St. Pantaleon erkennen, der zu den bedeutendsten Kunstwerken des frühen 16. Jahrhunderts in Köln gerechnet werden kann.[27] Der Lettner – wohl „die aufwendigste erhaltene Fassadenarchitektur der Zeit um 1500 im Rheinland"[28] – wurde 1696 von seinem angestammten Platz entfernt und an den Seiten um knapp eine halbe Arkade gekürzt; ursprünglich dürfte der Lettner, der

Abb. 18 (links): Hl. Albinus, Anfang 16. Jh. Köln, St. Pantaleon (Foto: Stephan Kube, Greven)

Abb. 19 (Mitte): Hl. Quirinus, Anfang 16. Jh. Köln, St. Pantaleon (Foto: Stephan Kube, Greven)

Abb. 20 (rechts): Hl. Mauritius, Anfang 16. Jh. Köln, St. Pantaleon (Foto: Erzbistum Köln/Esther-Luisa Schuster)

heute drei vollständige Bögen umfasst, demnach fünf Achsen breit gewesen sein, was auch an den seitlichen Halbbögen abgelesen werden kann.[29]

An diesem Lettner, der einem niederländischen Grundtypus folgt, befindet sich, von reichen, vegetabilen Kriechblumen umfasst, ein umfangreiches Figurenprogramm, das sich weitestgehend bis zum heutigen Tage bewahrt hat – darunter auch die beiden Ritterheiligen Albinus und Quirinus (Abb. 18–19), die in ihren Stilformen dem hl. Georg in St. Aposteln direkt verwandt erscheinen. Besonders deutlich zeigen sich diese Übereinstimmungen bei einem Vergleich des hl. Georg mit dem – allerdings bartlosen – hl. Albinus, dessen Haargestaltung, bis hin zu den unter einer flachen Kopfbedeckung entspringenden Locken oberhalb der Stirn, dem hl. Georg jedoch direkt entspricht. In der Gesicht- und Bartanlage übereinstimmend erscheint dagegen der hl. Quirinus, dessen hochaufragende Kopfbedeckung den Variationsreichtum dieser Figurenreihe unterstreicht, deren präzise widergegebenen Rüstungen sich dagegen weitestgehend entsprechen. Ein weiterer, ursprünglich wahrscheinlich an der Rückseite des Lettners angebrachter und heute im Seitenschiff von St. Pantaleon aufgestellter Ritterheiliger, der als hl. Mauritius identifiziert werden kann, kann darüber hinaus dieser Reihe zugeordnet werden (Abb. 20); er wird durch dasselbe, etwas gezwungene Schreitmotiv charakterisiert, das auch den hl. Georg in St. Aposteln kennzeichnet.[30]

Die Übereinstimmungen zwischen den Ritterheiligen sind demnach überaus charakteristisch und so eng, dass davon ausgegangen werden kann, dass der hl. Georg zu Beginn des 16. Jahrhunderts in derselben Bildhauerwerkstatt geschaffen wurde, in der auch der Lettner von St. Pantaleon entstand. Eine genauere Einschätzung dieser Werkstatt fällt jedoch nicht leicht. Überlegungen, die Figuren des Lettners könnten im Zusammenhang mit der Tilman-Werkstatt in Köln gefertigt worden sein, können jedoch, dem heutigen Forschungsstand zufolge, ausgeschlossen werden.[31] Eine Untersuchung dieses großen, bedeutenden Stilzusammenhangs, dem auch der hl. Georg in St. Aposteln zugeordnet werden kann, müsste daher an anderer Stelle erfolgen.

Die hier vorgestellten vier spätmittelalterlichen Skulpturen in St. Aposteln wurden demnach, ursprünglich aus ganz unterschiedlichen Zusammenhängen stammend, in der Barockzeit mit zehn anderen Heiligenfiguren verschiedener Bildhauerwerkstätten zu einer Folge der vierzehn Nothelfer zusammengestellt. Eine differenzierte Einschätzung dieser barocken Figuren – und damit der gesamten Reihe – ist zu wünschen.

---

1 Nicht bei Ewald/Rahtgens 1916; Stracke 1995, S. 88, 92, Abb. 37.
2 Ewald/Rahtgens 1916, S. 148f., Fig. 77.
3 Schiffler 1983, S. 39, Taf. 38, Abb. 78.
4 Die Angaben nach Notizen und Hinweisen von Marc Peez, LVR-ADR, unter dessen Leitung die Figur konserviert wurde.
5 Vgl. hierzu Karrenbrock 2001b, S. 14–22.
6 Broicher 1995, S. 260–264, Abb. 10; Karrenbrock 2001b, S. 14f. mit Abb. – Die Bedeutung der Figur wurde zuerst von Heinrich Appel erkannt; vgl. Appel 1960, S. 279.
7 Vgl. Karrenbrock 2001a, S. 191–233 und Karrenbrock 2001b, S. 14–22; zu den Annenfiguren vgl. Karrenbrock 1999.
8 Ewald/Rahtgens 1916, S. 148; Stracke 1995, S. 88, 92, Abb. 37.
9 Vgl. Karrenbrock 2001b, S. 52–68 und 2001c, S. 128f.
10 Erhalten haben sich jedoch die zu diesem Altar gehörenden Flügel, die bei dem kölnischen Maler Hilgardus in Auftrag gegeben worden waren; vgl. hierzu Karrenbrock 2001c, S. 129 und Kat. Dortmund 2006, Kat.-Nr. 183, S. 271–273 (Barbara Welzel), mit farbiger Abb. der Tafeln. – Eine Untersuchung zu Meister Hilgardus und seinen Werken ist in Vorbereitung.
11 Karrenbrock 2001b, S. 58 mit Abb.
12 Sinzig: Karrenbrock 2001b, S. 60 mit Abb. – Schönenberg: Karrenbrock 2001b, S. 58; vgl. Renard 1907, S. 182, Taf. XI.
13 St. Johann Baptist: Bergmann 1995, S. 194, Abb. 6. – St. Ursula: Künstler-Brandstätter 1996, S. 217, Abb. 17.
14 Bergmann 1996, S. 230; Urbanek 2010, S. 53, 264f., Nr. 102.
15 Bergmann 1992, S. 143–145, Nr. 23 und 24, Abb. 26–29; Karrenbrock 2001b, S. 65.
16 So Bergmann 1992, S. 144.
17 Karrenbrock 2001b, S. 65; zur Büste in Hannover vgl. von der Osten 1957, S. 195, Nr. 234.
18 Karrenbrock 2001a, S. 324, 327, 329.
19 Vgl. Fabian 2004.
20 Essen: Küppers 1976, Abb. 43. – Groß St. Martin: Kosch 1996, S. 138, Abb. 14. – Remagen: Küppers 1976, Abb. 14. – Bad Honnef: Fabian 2004, S. 85.
21 Ewald/Rahtgens 1916, S. 148; Stracke 1995, S. 88, 92, Abb. 37.
22 So bereits Stracke 1995, S. 88.
23 Von der Osten 1957, S. 195, Nr. 234.
24 Männliche Doppelbüste: Karrenbrock 2001a, S. 278–285, Nr. 45. – Büste in Brühl: Dehio Rheinland 2005, S. 219; vgl. RBA 35243.
25 Grimme 1977, S. 40f., Nr. 63, Abb. 60; Inv. Nr. SK 284.
26 Ewald/Rahtgens 1916, S. 149; Stracke 1995, S. 89 (ohne Abb.).
27 Rahtgens/Roth 1929, S. 525–530; Geis 1991.
28 Geis 1991, S. 80.
29 Geis 1991, S. 82f.
30 Geis 1991, S. 90, Abb. 21.
31 Zum Zusammenhang mit der Tilman-Werkstatt: Geis 1991. – Vgl. hierzu und zum heutigen Forschungsstand Karrenbrock 2001b.

Gestalthaft in Farbe und Raum

Der künstlerische Werdegang von Hermann Gottfried

Iris Nestler

Die Werke des 1929 in Düren geborenen Künstlers Hermann Gottfried (gest. 2015) zeigen sich dem Betrachter als Malerei der Gegensätze. Nicht ungegenständlich, nicht naturalistisch und mitunter hochexpressiv, erwächst die menschliche Gestalt aus dem spannungsreichen Zusammenwirken von Linie und Fläche. Einen kurzen Moment lang, zwischen Auftauchen und Verschwinden, einem flüchtigen Gedanken gleich, erscheint das menschliche Antlitz wie eine Vision vor den Augen des Betrachters und lässt ihn mit Staunen und Fragen zurück.

Viel Kritik musste der Künstler einstecken, immer wieder, für seine Fenster in Groß St. Martin, seine Deckenmalereien in St. Hubertus in Köln-Flittard und St. Aposteln am Neumarkt in Köln, in St. Peter gar wurden seine Fenster entfernt.[1] Gottfried hat das schwer getroffen. Zeitlebens kam er nicht darüber hinweg.[2] Seine Malerei ist in großen Teilen Kriegsverarbeitung, nicht gefällig, nicht das, was der Kirchenbesucher als „schön“ bezeichnen würde, nichts Heiteres.[3] Oft blicken uns in Gottfrieds Werken Gesichter aus dunklen Augenhöhlen an, erschrocken, trauernd und von Leid ergriffen, gleich dem Tode geweiht. In St. Aposteln beispielsweise hat der Künstler bewusst auf die Farben Gelb und Orange verzichtet, weil sie seiner Meinung nach zu warm und fröhlich sind, um die Apokalypse zu zeigen.[4] Seine Engel und Heiligen tosen in dramatischer

Abb. 1: Hermann Gottfried, 1929–2015
(Foto: Robert Boecker, Bergheim)

Gestik über den Bildgrund. Der Künstler hatte im Zweiten Weltkrieg Vater, Bruder und weitere Verwandte verloren.[5] Leben und Tod seiner eigenen Familie beeinflussen seine Arbeit später wesentlich. Doch das kristallisiert sich erst in den Werken der späten 1970er- und 1980er-Jahre heraus, als der Künstler zu seiner individuellen Stilistik findet. In zahlreichen Wand- und über tausend Glasmalereien, darunter herausragenden Hauptwerken wie beispielsweise in St. Marien (Düren), in St. Margareta (Düsseldorf-Gerresheim), im Paderborner und Xantener Dom, in St. Norbert (Bocholt), in St. Matthias (Berlin-Schöneberg), in St. Aposteln und Groß St. Martin (Köln), in St. Norbert (Köln-Dellbrück) (Abb. 2) sowie in St. Antonius (Georgsmarienhütte im Bistum Osnabrück) stellt Gottfried sein Können in besonderem Maße unter Beweis.

Die Stationen seiner Ausbildungszeit und die späteren Auseinandersetzungen mit dem Œuvre anderer Künstler wie demjenigen des britischen Malers Francis Bacon (1909–1992) oder Kunsttendenzen des Informel finden im Werk Gottfrieds zueinander und führen zu dieser spannungsreichen und unverwechselbaren Charakteristik seiner Malerei.[6]

Zeit der Ausbildung

Noch in den 1950er- und 1960er-Jahren dominieren die Erfahrungen seiner Schul- und Studienzeit. Gottfried erzählte selbst gerne vom pädagogischen Einfühlungsvermögen seines Kunstlehrers Walter Recker am Stiftischen Gymnasium Düren. Die Begegnung währte nur ein Jahr, denn Recker wurde nach 1940 in den Kriegsdienst eingezogen und kam erst 1951 nach Düren zurück. Recker, durch die Umstände der Zeit des Nationalsozialismus gezwungen, moderne Tendenzen zu ignorieren, konzentrierte sich in dieser dunklen Zeit auf Porträt- und Landschaftsmalerei, um nach dem Zweiten Weltkrieg den Tendenzen der ungegenständlichen Abstraktion zu folgen.[7] Seine Porträtzeichnungen aber sind es, die Hermann Gottfried beeindruckten und seine Arbeit nachhaltig beeinflussten. Hier liegen die Wurzeln einer Virtuosität im Umgang mit der Linie, die Gottfried, egal in welcher Technik, auf kongeniale Weise der Farbe entgegenstellt.

Ein bis dato ebenfalls noch nicht näher beachtetes Kapitel in Hermann Gottfrieds Werdegang ist das zweijährige Studium der sogenannten Monumentalmalerei bei dem schleswig-holsteinischen Künstler Kay Heinrich Nebel an der Kunstakademie Kassel. Dieses war – nun mit dem nötigen Abstand betrachtet – sehr viel prägender und nachhaltiger als zunächst angenommen. Professor Nebel, Mitglied der Darmstädter Sezession und Künstler der Neuen Sachlichkeit, hatte Karriere als Monumentalmaler gemacht, bevor er die Leitung der Kunstakademie Kassel übernahm. Er steht letzten Endes Pate für die Fähigkeit Gottfrieds, Wand und Fenster im Raum in Szene zu setzen. Zudem entwickelt Gottfried in seinen frühen Werken die Nebel'sche Art und Weise der Flächengliederung und Kontrastbildung weiter. Beispielsweise verdeutlichen Nebels Aquarell „Schwäne" ebenso wie sein Gemälde „Frauen im Garten", beide aus dem Jahr 1940, ein klares Nebeneinander von Farbflächen, die nicht ineinanderlaufen. Anfänglich zeigt auch Gottfrieds Wandmalerei diese Strenge, die sich aber im Laufe der 1980er-Jahre verliert und einer raumgreifenden, gestischen Malerei weicht, deren Farben und Linien ineinanderfließen.[8]

In den zwei Jahren von 1946 bis 1948 studiert Gottfried also bei Nebel Monumentalmalerei, eine Gestaltung auf Fernwirkung mit optischen Spannungsfeldern und Kontrasten von detailreich durchgearbeiteten Partien einerseits und schematisch umrisshaften Stellen andererseits, mit stark farbigen Akzenten gegenüber figürlich linearen Partien in Schwarz und Weiß. Nebels neusachliche Elemente ebenso wie eine vorwiegend in kühlen Farben gehaltene Palette manifestieren sich besonders in Gottfrieds

Abb. 2 (rechte Seite): Auszug aus der Apokalypse des Johannes, 1963/64. Köln-Dellbrück, St. Norbert, Chor (Foto: Erzbistum Köln/ Martina Junghans)

Wandmalerei der 1970er-Jahre.[9] Beispiele findet man im Chor von St. Pankratius in Köln-Worringen (Abb. 3) 1975, in der Wandmalerei des gesamten Kirchenraums von St. Hubertus in Köln-Flittard 1976/77 sowie in St. Johannes in Essen-Gladbeck von 1978/79.[10]

Aufträge für Glasmalerei der 1950er- und 1960er-Jahre

In den Jahren 1948 bis 1950 absolviert Hermann Gottfried eine Lehre als Teppichzeichner und Patroneur bei Anker-Teppiche Düren. Methodisch unmittelbare Auswirkung hat diese Zeit auf seine Glasmalereien in St. Marien (Düren) von 1954–57 und im Chor von St. Agatha in Jülich-Mersch 1963 (Abb. 4–5). Sein erster größerer Auftrag, die fünf schmalen, hohen Chorfenster mit Rundbogenabschluss in der Dürener Marienkirche zu gestalten, gelang auf geniale Weise. Gottfried kombiniert die gesamte Fensterfront und entwirft ein florales Geflecht, dessen Einzelkompartimente als Rapport in variierter Farbigkeit immer wieder auftauchen. Das Thema „Lebensbaum“ und „Wurzel Jesse“ greift Gottfried einen Grad abstrakter in St. Cosmas und Damianus in Bergheim-Glesch 1958 und in den Chorfenstern von St. Agatha in Jülich-Mersch 1963 wieder auf. Die formalen Lösungen der floralen Motivik erinnern an die Fenster von Henri Matisse in der Chapelle du Rosaire in Vence von 1949 und legen einen Vergleich nahe. Gottfrieds Werke zeigen

Abb. 3 (linke Seite): Auszug aus der Apokalypse des Johannes, 1975. Köln-Worringen, St. Pankratius, Chor (Foto: Erzbistum Köln/ Dorothea Kampmann)

Abb. 4 (links): Gesträuch und Blumen preiset den Herrn, Hermann Gottfried, 1954/57. Düren, St. Marien, Altarraum (Foto: Bildarchiv Foto Marburg, fmc439587, Michael Jeiter)

Abb. 5 (rechts): Ornamentale Komposition, Hermann Gottfried, 1963/64. Jülich-Mersch, St. Agatha, Chor (Foto: Iris Nestler, Linnich)

sich farblich jedoch weitaus weniger expressiv, vielmehr in zurückhaltendem, elegantem Grau mit wenigen pointierten Farbakzenten.

Anke Schliemann griff im Zusammenhang mit Gottfrieds Einzelfenster im St. Hubertus-Stift in Bedburg von 1961 einen Aspekt zu einigen früheren Aufträgen Hermann Gottfrieds heraus und bemerkte zurecht die Kleinteiligkeit des Fensters, das in dem für diese Zeit allgemein typischen Zackenmuster gestaltet wurde, ebenso wie die Korrespondenz von zeichnerischer Linie und Bleirute.[11] Neben dem Fenster im St. Hubertus-Stift sind beispielsweise diejenigen zu nennen in St. Margareta in Brühl (1960), in St. Martinus in Bedburg-Kirchherten (1962), in St. Ewaldi in Duisburg-Laar (1962), in St. Laurentius in Bergheim-Quadrath (1964) und in der Reformationskirche zu Hilden (1967) sowie St. Johann Baptist

Abb. 6: Hll. Gabriel, Michael und Raphael, Hermann Gottfried, 1959–1963. Düsseldorf-Gerresheim, St. Margareta, Westfenster (Foto: Iris Nestler, Linnich)

Abb. 7 (rechte Seite links): Freie Komposition, Hermann Gottfried, 1965. Xanten, St. Viktor, Sakramentskapelle (Foto: Digitales Bildarchiv Dombauhütte Xanten)

Abb. 8 (rechte Seite rechts): Freie Komposition, Hermann Gottfried, 1965. Xanten, St. Viktor, Sakramentskapelle (Foto: Digitales Bildarchiv Dombauhütte Xanten)

(1963) und St. Peter (1964) in Köln mit der Integration einer Renaissancescheibe. Letztere verdeutlichen eine in den Nachkriegsjahrzehnten weit verbreitete Auftragsvariante, nämlich die Ergänzung historischer Scheiben. Man war damals im Gegensatz zu späterer Zeit nicht abgeneigt, Stilepochen im Fenster zu vermischen und Altes mit Neuem zu kombinieren. Dreißig Jahre später wurden auf Wunsch des leitenden Pfarrers die neuen Fenster von Hermann Gottfried, Hans Lünenborg und Paul Weigmann entfernt. Nur die Renaissancefenster blieben vor Ort eingebaut.

Die Glasmalereien in St. Margareta in Düsseldorf-Gerresheim aus den Jahren 1959–63 läuten einen neuen malerischen Weg Gottfrieds ein (Abb. 6). Dieser bettet die linear gehaltene Figur in expressive Farbigkeit ein und bringt auf diese Weise die beiden gegensätzlichen Komponenten – Zeichnung einerseits und Malerei andererseits – maximal zur Geltung.

Gottfrieds drei Fenster in der Sakramentskapelle des Xantener Doms von 1965 gehören zu den Höhepunkten dieser frühen Schaffensphase und zeigen besonders im Pfingstfenster einen Kontrast zu den seitlichen, von Zickzack- und Streifenornament gekennzeichneten Fenstern (Abb. 7–9). Im Pfingstfenster entsteht eine Malerei aus roten, grünen, weißen und grauen

Flächen, wie sie später weiter entwickelt wird zu lockerer und dynamischer Farb- und Linienabfolge, die präzise in die Architektur hineingedacht und an die Lichtverhältnisse angepasst ist. Die Themen sind dabei austauschbar. Gottfrieds Lieblingspalette an Farben zeigt sich im Xantener Dom bereits überdeutlich. Er wird sie beibehalten. Der unverkennbare Stil des Künstlers und der wohltuende Kontrast von malerischen Akzenten in strenger Architektur halten das Auge des Betrachters gefangen.[12]

Aufträge für Glas- und Wandmalerei der 1970er-Jahre

Praktisch ohne Unterbrechung folgen auf das große Chorfenster der Dürener Marienkirche über einen ununterbrochenen Zeitraum von vier Jahrzehnten Aufträge für Glas- und Wandmalerei, die der Künstler oftmals parallel bewältigt. Seine erste Wandmalerei schuf Gottfried im Chor von St. Norbert in Köln-Dellbrück 1963 (vgl. Abb 2), ein kleiner Auftrag, seine letzte im Chor von St. Antonius in Georgsmarienhütte im Jahr 1998. Die Glas- und Wandmalereien in St. Kosmas und Damian in Pulheim (Abb. 10–12) 1971 und 1979 – sowie parallel in Heilig Kreuz Arnsberg im Bistum Paderborn – dagegen gehören zu seinen Großaufträgen und können neben den Malereien in St. Aposteln Köln als Gesamtkonzept architekturgebundener Raumgestaltung von größerer Bedeutung bezeichnet werden.[13]

Das Entwerfen von Fenstern in Korrespondenz mit dem Verlauf der Bleirute gibt Gottfried in den 1970er-Jahren zugunsten einer sehr malerischen Herangehensweise sowohl in der Wand- als auch in der Glasmalerei auf. Bei seinen Aufträgen ab den 1970er-Jahren können die beiden Techniken Glas- und Wandmalerei deshalb nicht immer strikt getrennt voneinander betrachtet werden. Der Künstler löst sich von einer ornamentalen Bearbeitung der Fläche und visualisiert im Laufe der Jahre hier wie dort seinen unverwechselbaren und malerisch informellen Stil. Er fasst sowohl Fenster wie auch Wand als Bildträger im Sinne einer abgeschlossenen Fläche auf, eben der Hülle des Innenraums, die der Malerei als Gesamtkunstwerk zur Verfügung steht. Die ihm gegebene Fläche akzentuiert der Künstler wie erwähnt beispielsweise in St. Kosmas und Damian in Pulheim mittels breiter Streifen und antwortet

Abb. 9: Pfingstfenster, Hermann Gottfried, 1965. Xanten, St. Viktor, Sakramentskapelle (Foto: Digitales Bildarchiv Dombauhütte Xanten)

Abb. 10 (rechte Seite): Die Hochzeit zu Kanaa, Hermann Gottfried, 1979. Pulheim, St. Kosmas und Damian (Foto: Erzbistum Köln/ Anja Becker-Chouati)

so der Architektur, die ihrerseits ein breites Fensterband unterhalb des Daches zur Verfügung stellt, um dort Glasmalerei verwirklichen zu können. Gerade in St. Kosmas und Damian zeigt sich neben den noch neusachlichen Einflüssen durch Nebel im Bereich der Figurendarstellung der beginnende Drang der großzügigen Geste in der abstrakten Flächengestaltung. Eine deutliche Veränderung der Stilistik im Hinblick auf die Bearbeitung der Figur als lineare Bewegung, virtuos mit der farbigen Fläche verwoben, macht sich in den Fenstergestaltungen für die Friedhofskapelle Melaten in Köln bemerkbar. Brigitte Wolff-Wintrich sieht hier den Auftakt der Vorliebe Gottfrieds für Engelsdarstellungen, speziell des Erzengels Michael.[14] Er stellt ihn immer wieder als tosende Gewalt gegen das Böse dar, als Retter und Bezwinger des Krieges.

Gottfried geht vor allem ab Ende der 1970er-Jahre mit raumgreifender Gestik ans Werk und malt in dynamischer Pinselführung sowohl die in Glas umzusetzenden Kartons, die in der Werkstatt mit großem Einfühlungsvermögen der ausführenden Mitarbeiter einer Verbleiung angepasst werden, als auch Fresko- und Seccomalerei direkt auf die Wand. Er nutzt den Raum, um seiner Malerei Dynamik zu verleihen. Der Höhepunkt dieser Schaffensphase manifestiert sich in der Altarmalerei und den Glasmalereien zum Alten und Neuen Testament der zahlreichen Fenster in St. Marien in Bergisch Gladbach-Gronau 1978–84.

Aufträge für Glas- und Wandmalerei ab den 1980er-Jahren

Gottfrieds Fenster im Paderborner Dom von 1980–82, die zwölf Apostelfenster von St. Norbert in Bocholt aus den Jahren 1982–84, die Fenster von Groß St. Martin in Köln 1984–86 und die Fenster zum Leben Jesu und Mariens von St. Matthias in Berlin-Schöneberg 1987–93 zeigen eine Großzügigkeit im Umgang mit der Fläche. Ihre Gliederung erfolgt nur noch partiell in untereinander geordneter Reihung, vielmehr tritt eine Akzentuierung im Goldenen Schnitt in den Vordergrund, begleitet von einer Befreiung aus statischer hin zu dynamischer Strich- und Pinselführung.[15] Abermals sind die Themen dabei austauschbar. Die Wandmalerei in der Kapelle Johanneshöhe in Neuwied-Leutesdorf 1984 kann folgerichtig ähnlich dem Fenster in St. Quirin in Neuss über dem Eingangsportal von 1996 sein, wie schon in der Friedhofskapelle Melaten auch hier einen Engel wie eine Naturgewalt darstellend, wie ein Sturm, der für den Bruchteil einer Sekunde menschliche Züge annimmt, beinahe ein Synonym für den Künstler selbst, letzten Endes wie die Zeit des Lebens an sich, kurz und im entscheidenden Augenblick im Diesseits und im nächsten Moment auf dem Weg in eine andere Sphäre.

Der Dramaturgie des jeweiligen Themas entsprechend zeigen Gottfrieds architekturgebundene Werke starke Hell-Dunkel-Kontraste, die im Falle der Glasmalerei, explizit in Groß St. Martin (Abb. 13), in abgestuften Weiß-, Grau-, Grün- und Rottönen sowie wenigen blauen Akzenten in Form von opaken Scheiben eine modellierte Malerei simulieren. Das apokalyptische Weib (Abb. 14) triumphiert einer Venus gleich über das Böse und steht nicht nur als Symbol der Liebe, sondern auch als Mutter im Zentrum über dem von den drei Weisen angebeteten Kind. Dabei hebt der Künstler die Schönheit des weiblichen Körpers hervor. Mit oder ohne religiösen biblischen Überbau ist diese Geschichte allgegenwärtig und allumfassend gültig.

All diese Kennzeichen machen es kaum möglich, das Gottfried'sche Œuvre mit demjenigen eines gleichzeitig tätigen Kollegen seiner Generation in der architekturgebundenen Glaskunst zu vergleichen, wie beispielsweise die streng

Abb. 11 (linke Seite links): Adorierender Engel, Hermann Gottfried, 1979. Pulheim, St. Kosmas und Damian, Chor (Foto: Erzbistum Köln/Anja Becker-Chouati)

Abb. 12 (linke Seite rechts): Adorierender Engel, Hermann Gottfried, 1979. Pulheim, St. Kosmas und Damian, Chor (Foto: Erzbistum Köln/Anja Becker-Chouati)

architektonisch orientierten Ludwig Schaffrath, Johannes Schreiter und Jochem Poensgen oder die betont symbolisch und lyrisch orientierten Paul Weigmann und Hans Lünenborg. Auch und ebenso isoliert zu betrachten wäre das eigenwillige Œuvre Georg Meistermanns. Ohnehin machen Vergleiche hier kaum Sinn, denn gerade die von Zwängen befreite Nachkriegsgeneration hat in der Malerei so viele verschiedene Möglichkeiten offengelegt, wie kaum zu einer anderen Zeit.

Hermann Gottfrieds Wandmalereien im Kontext der Werke seiner Zeitgenossen

Wandmalerei im Sakralraum des 20. Jahrhunderts und der Gegenwart ist ein kaum beachtetes Kapitel der Kunstgeschichte.[16] Eine nähere Betrachtung lohnt sich, kann aber in diesem Zusammenhang nur angerissen werden. Die Wandmalerei Hermann Gottfrieds vor allem in St. Aposteln (Köln) stellt nicht nur innerhalb seines Œuvres einen Höhepunkt dar. Mit der Eindringlichkeit der Darstellungen und dem inhaltlichen Bezug der Apokalypse zum Zweiten Weltkrieg einerseits sowie der räumlichen Gesamtkomposition in Korrespondenz zur Architektur andererseits ist Gottfrieds Werk in St. Aposteln innerhalb der Wandmalerei des 20. Jahrhunderts ganz weit oben anzusiedeln. Eine Reihe von Künstlern des 20. Jahrhunderts hat sich auch im Bereich der Wandmalerei einen Namen gemacht, darunter auf nationaler Ebene Peter Hecker, Wilhelm Geyer, Georg Meistermann und vor allem Emil Wachter mit Werken beispielsweise in St. Martin in Ettlingen, in der Emmaus-Kapelle auf dem Friedhof von Neuburgweier und in St. Ursula in Rheinstetten

Abb. 13 (linke Seite): Westfenster, Hermann Gottfried, 1984. Köln, Groß St. Martin (Foto: Erzbistum Köln/Dorothea Kampmann)

Abb. 14: Apokalyptische Frau, Hermann Gottfried, 1984. Köln, Groß St. Martin, Detail des Westfensters (Foto: Erzbistum Köln/Dorothea Kampmann)

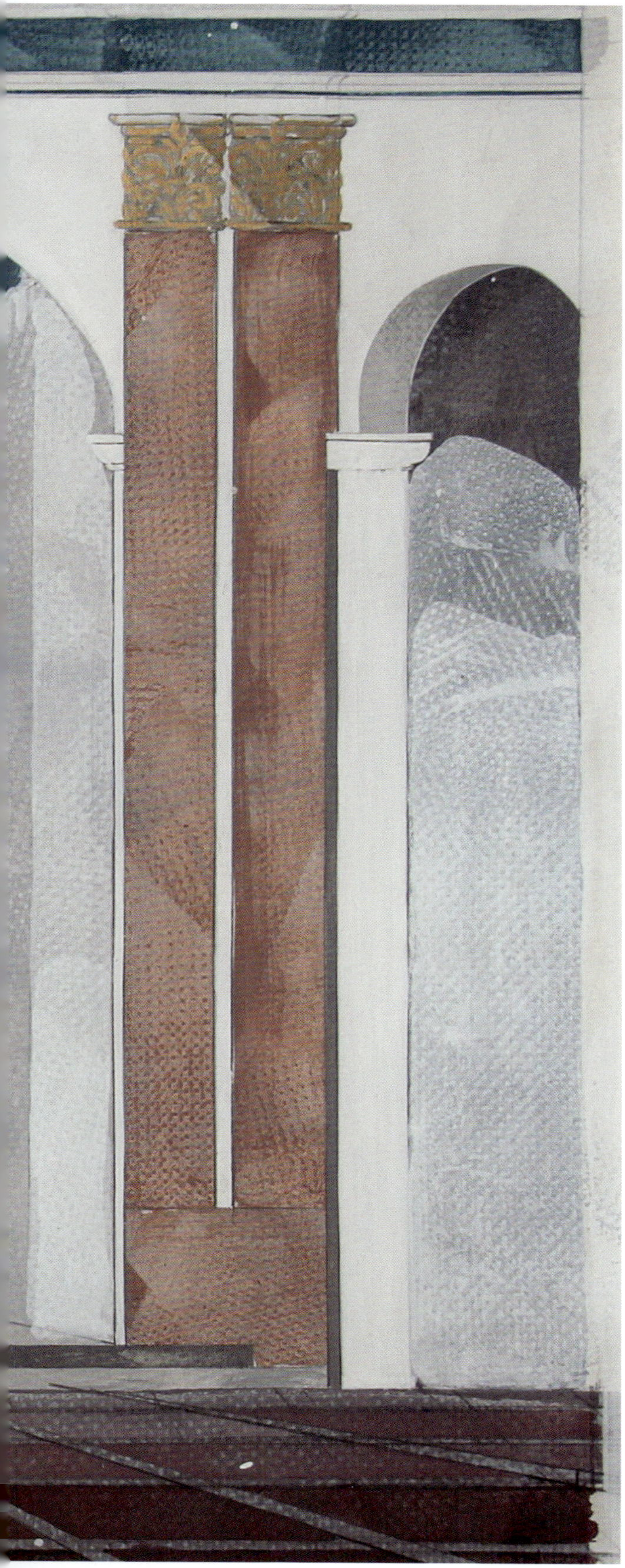

sowie Georg Ettl u. a. mit seinem Werk in der Kirche Heilig Geist in Neuss. Im internationalen Kontext findet man Pablo Picassos Wandmalerei „La Guerre et la Paix" in der ehemaligen Schlosskapelle von Vallauris/Frankreich aus den Jahren 1948–55, die Glas- und Wandmalereien von Henri Matisse in der Chapelle du Rosaire in Vence von 1949, sowie Fernand Légers Werke in Sacre Cœur d'Audincourt 1951, um nur ganz wenige zu nennen.

Im Laufe der Zusammenarbeit mit der Glasmalereiwerkstatt Dr. Heinrich Oidtmann Linnich konnten Gottfried einige dieser Werke im Bereich architekturgebundener Kunst nicht verborgen bleiben. Dr. Friedrich Oidtmann reiste ab den 1950er-Jahren immer wieder nach Frankreich, kannte und fotografierte diese Werke und pflegte Kontakte zu französischen Künstlern wie beispielsweise Pierre Soulages und Jean Cocteau.

Gottfrieds persönliche Note liegt in der Diskrepanz zwischen einer konservativen Ausbildung einerseits und einer Verarbeitung moderner Tendenzen der Malerei andererseits, beispielsweise des Informels, dem bewussten Konterkarieren geometrischer Strenge, ebenso des Spätexpressionismus, der nach dem Zweiten Weltkrieg seine Weiterentwicklung endlich öffentlich ausleben konnte, sowie einer lyrischen Abstraktion. Hinzu kommt die nicht unwesentliche Einflussnahme des jeweiligen Auftraggebers, der im Falle von Glas- und Wandmalerei im Sakralraum das Recht hat, inhaltliche Vorgaben zu machen. Gottfried findet zu einer Darstellungsweise, in der sich Figürlichkeit und gestische Malerei nicht gegenseitig ausschließen, sondern ineinander verwoben sind. Die Figur erwächst quasi aus dem Schwung des Pinsels und versinkt wieder in ihm. So kann dem Auftraggeber mit seinem Wunsch nach Inhaltlichkeit einerseits und der zeitgenössischen Malerei andererseits Genüge getan werden. Dieser Spagat jedoch wird dem Künstler zum Verhängnis und ruft seine Kritiker

Abb. 15: Kreuzigung, Hermann Gottfried, 1998. Entwurf für Holzhausen-Ohrbeck/Georgsmarienhütte, Klosterkirche St. Antonius, Privatbesitz (Foto: Iris Nestler, Linnich)

aufs Parkett, vor allem im avantgardistischen Köln. So sehr seine Malerei auch kritisiert wurde, so stark ist die nachfolgende Generation von Künstlern der architekturgebundenen Malerei beeindruckt und beeinflusst von einem Œuvre, dessen Neubewertung innerhalb einer Gesamtbetrachtung der Kunst nach 1945 immer noch aussteht. Das Gleiche gilt für die architekturgebundene Kunst des 20. Jahrhunderts an sich, in den Bereichen Mosaik, Glas- und Wandmalerei.

Gottfrieds letzte Wandmalerei befindet sich im Chor der Klosterkirche St. Antonius in Holzhausen-Ohrbeck in Georgsmarienhütte im Bistum Osnabrück aus dem Jahr 1998 (Abb. 15). Darauf folgt nur noch ein einziges Fenster im Gemeindesaal von St. Matthias in Berlin. Danach verabschiedet sich Gottfried von der architekturgebundenen Malerei und malt nur noch autonome Bilder, „kosmische Welten" nennt er sie, und stellenweise kehrt die Nebel'sche Flächengliederung zurück ebenso wie das Motiv der Pferde, das als eine Reminiszenz an seinen Lehrer Walter Recker gelten kann, der dieses Motiv in vielen seiner Werke zeigte.

Gottfrieds architekturgebundene Malerei ist ein Erlebnis; sie stellt einen Moment von großer Bedeutung dar. Es war seine Absicht, diesen Moment genau als solchen zu visualisieren, als tiefgreifendes Ereignis, das sich nur mit großem Kraftaufwand realisieren lässt und sich einbrennt in das visuelle Gedächtnis des Betrachters.

Abb. 16: Signatur von Hermann Gottfried, 1963. Köln-Dellbrück, St. Norbert (Foto: Erzbistum Köln/Martina Junghans)

Der Einfluss Hermann Gottfrieds auf die Künstler der jüngeren Generation

Hermann Gottfried hat zwar nie an einer Kunstakademie gelehrt, dennoch aber eine Reihe von Künstlern der jüngeren Generation des Faches Glas- und Sakralraumgestaltung stark und nachhaltig beeinflusst, beispielsweise Nabo Gaß aus Wiesbaden und Tobias Kammerer aus Rottweil.[17] Ebenso zu nennen ist Gottfrieds Assistentin Anja Quaschinski (geb. 1961).[18] Die Künstlerin lebt heute in Düsseldorf und ist eine bedeutende Vertreterin der zeitgenössischen Glas- und Wandmalerei. In den Jahren 1991 bis 1994 hat sie Gottfried assistiert und die Ausführung seiner Wandmalereien aktiv begleitet. Sie führt ihrerseits die Entwicklung einer informellen Abstraktion weiter und kommt zu einer Darstellung von tanzenden Farbflecken, die Bewegung suggerieren und den Malvorgang an sich visualisieren. Ihre Werke in St. Gertrudis in Dortmund, im Pfarrer-Franz-Boehm-Haus in Monheim sowie im Augusta-Krankenhaus in Düsseldorf, um nur wenige zu nennen, zeugen davon. Gerade die Komposition der Chormalerei von St. Gertrudis in Dortmund, so abstrakt sie auch sein mag, folgt einem Kompositionsschema, das Gottfried beispielsweise im Chor der Klosterkirche Ohrbeck realisiert hat und das die farbigen Akzente im Goldenen Schnitt kulminieren lässt.

Man kann sich nicht mit letzter Sicherheit festlegen, welches der zahlreichen Werke Gottfrieds die nachfolgende Generation am meisten und nachhaltig beeinflusst hat. Doch eines ist sicher: Seine Kölner Werke in St. Aposteln und Groß St. Martin bleiben die prominentesten. Sie zeugen von Durchsetzungskraft und Leidenschaft eines eigenwilligen und kompromisslosen Künstlers in all seinem Schaffen (Abb. 16).

1 Wolff-Wintrich 2015; https://pfarrgemeinderat.wordpress.com/2015/05/11/hermann-gottfried-gut-gemacht/ [Stand 3.1.2022].
2 Zahlreiche Gespräche mit der Autorin, u. a. Ateliergespräch im Mai 2003 in Bergisch Gladbach-Herkenrath; Kier 2004; Hofmann 1990.
3 „Den blauen Himmel konnte und wollte er ohnehin nicht malen, schon eher das ‚Gläserne Meer' (Offb 4,2–3 und 5–6). Das Grauen kam für ihn von oben und das in menschlicher Gestalt. Diese von ihm erlebte Tatsache drückte die Stimmung und machte es dem Künstler nicht leichter. Die körperliche Arbeit auf dem Gerüst über Jahre hinweg – im Bewusstsein, eine der berühmtesten, ehrwürdigen romanischen Kirchen Kölns farblich entscheidend zu verändern, das alles wog schwer. (...) Die Ausmalung der Dreikonchenanlage von St. Aposteln Köln in den Jahren 1988–93 schuf er mehr oder weniger spontan aus der Hand. Nur grobe Entwurfszeichnungen im Maßstab 1:10 dienten ihm und seiner Assistentin Anja Quaschinski als Hilfsmittel." (Nestler 2015a).
4 Im Gespräch mit der Autorin, im Mai 2004 im Atelier von Hermann Gottfried in Bergisch Gladbach.
5 „Den Bombenangriff auf seine Heimatstadt Düren am 16. November 1944 überlebte der damals 15-Jährige nur durch Zufall. Just in diesen Stunden hatte er außerhalb der Stadt zu tun. Natürlich blieb dieses Ereignis prägend – für sein Leben und besonders für sein Œuvre. Das Deutsche Glasmalerei-Museum Linnich besitzt zahlreiche seiner Werke in Glas, auf Papier und Karton. Die von Gottfried selbst gemalten 1:1-Kartons stellen einen besonderen Wert dar. Sie sind nicht einfach maßstabsgetreue Übertragungen der 1:10-Entwürfe, sondern in ihrer veränderten und weiter entwickelten Fassung seltene Unikate. Die impulsive und oft spontane Malerei des Künstlers konnte sich auf großen Flächen im Raum erst so richtig entfalten." (Nestler 2015a).
6 Die Auseinandersetzung mit dem Œuvre des britischen Malers Francis Bacon wird deutlich beispielsweise im autonomen Glasbild des Gekreuzigten von 1985; Nestler 2004, v. a. S. 15.
7 https://www.stiftisches.de/das-stift/schulgeschichte/ [Stand: 5.1.2022]; Recker 1995.
8 https://www.invaluable.com/auction-lot/swans-191-c-44754c4ac2 [Stand: 14.12.2021]; www.artnet.de/k%C3%BCnstler/kay-heinrich-nebel/frauen-im-garten-Zbv33kANTVYjiKbHTDc-kA2 [Stand: 14.12.2021].
9 http://www.museen-nord.de/Objekt/DE-MUS-076017/lido/1953-KH+5 [Stand: 14.12.2021]; http://www.kunstsammlung-jena.de/de/715079 [Stand: 14.12.2021]; http://www.darmstaedtersezession.de/person/kay-heinrich-nebel/ [Stand: 14.12.2021].
10 Eimert 1979.
11 Schliemann 2004, S. 80.
12 Wolff-Wintrich 2017, S. 155f.
13 http://yangjubang.de/holyspace-vr/075%20St%20Kosmas%20und%20Damian%20Pulheim20090604.html [Stand: 4.1.2022].
14 Wolff-Wintrich 2004, S. 53.
15 https://st-matthias-berlin.de/kirchen/st-matthias.html [Stand: 30.1.2022].
16 Bislang dazu Peters 1996.
17 Im Zusammenhang mit der Wandmalerei Kammerers, der auch zahlreiche Glasmalereien sowie bildhauerische Arbeiten im Sakralraum schuf: Nestler 2015b.
18 http://www.anjaquaschinski.de/biografie.html [Stand: 7.1.2022].

Für und Wider

Die Innengestaltung von St. Aposteln nach dem Zweiten Weltkrieg

Ulrich Krings

Die Kirche St. Aposteln war trotz starker Beschädigungen durch zahlreiche Bombardements während des Zweiten Weltkriegs in ihren wesentlichen Bauteilen erhalten geblieben, allerdings hatte sie neben der turmreichen Dachlandschaft nahezu die gesamte architektonische Bauzier des Außenbaus, besonders die eleganten Arkaturen im Bereich der Zwerggalerien des Trikonchos verloren (Abb. 2–3). Sämtliche Dächer, aber auch ein großer Teil der Gewölbe waren zerstört.[1] Dem Befund der Jahre 1945/46 entsprechend war jedoch die Wiederherstellung als kirchlich zu nutzendes Raumgefüge generell nicht umstritten. Aus dem Jahr 1952 ist der Ausspruch des damaligen Pfarrers Dr. Joseph Könn (1876–1960) überliefert: Alle Beteiligten seien sich einig gewesen, „dass Aposteln wieder so werden solle, wie es früher war."[2] Unterschiedliche Meinungen gab es hinsichtlich der Detailgestaltung der ehemals reichen Dachlandschaft sowie der Bauzier; es wurde diskutiert über den Grad der Annäherung dieser neu herzustellenden Partien an den Vorkriegszustand. Das Innere sollte nach den Intentionen der seinerzeitigen Akteure in seiner reinen, „ursprünglichen" Architektur wiedererstehen. Für den Erhalt oder gar die Restaurierung der beschädigten historistischen Mosaiken, die seit 1895 in den Dreikonchenchor eingebracht worden waren,[3] fand sich kein Anwalt im Kreis der damals Verantwortlichen – im Gegenteil (Abb. 4). Die Mosaike wurden während der baulichen Sicherungsarbeiten komplett entfernt – mit Ausnahme einer isolierten Lünette im Nordarm des Westquerhauses mit

Abb. 1: Gewölbemalereien, Hermann Gottfried, 1988–1993. Köln, St. Aposteln, Vierung und Trikonchos. Von oben gegen den Uhrzeigersinn: Nord-, Ost- und Südkonche (Panoramamontage: Christoph Kraneburg, Köln)

der Thematik des „Guten Hirten“ (Abb. 5). Diese war geschaffen worden als eine Art Erinnerungsmal für Pastor August Savels (amt. 1888–1915), der die historistische Neuausstattung des Inneren seinerzeit maßgeblich befördert hatte; es handelte sich hier also um einen Akt der Pietät, nicht der Denkmalpflege.[4]

Abb. 2 (linke Seite oben): Köln, St. Aposteln, 1946. Ansicht von Nordosten (Foto: Archiv FVRKK, ohne Nr.)

Abb. 3 (linke Seite unten links): Blick in das zerstörte Gewölbe des Vierungsturms, 1946, mit Mosaikausstattung. Köln, St. Aposteln (Foto: RBA Köln, rba_137689)

Abb. 4 (linke Seite unten rechts): Innenansicht des Trikonchos nach Osten, nach 1911, mit Mosaikausstattung von Friedrich Stummel und Antonio Gobbo. Köln, St. Aposteln (Foto: Archiv FVRKK, ohne Nr.)

Abb. 5 (unten links): Nordwand des Westquerhauses mit dem Mosaikfeld „Guter Hirte“. Köln, St. Aposteln (Foto: Celia Körber-Leupold, Köln)

Abb. 6 (oben links): Provisorischer Ausbau des Trikonchos, 1953. Köln, St. Aposteln (Archiv FVRKK, ohne Nr.)

Abb. 7 (oben rechts): Mittelschiff nach Osten, 1964. Köln, St. Aposteln (Foto: RBA Köln, rba_131619)

Die erste Phase: Joseph Könn, Willy Weyres und die Denkmalpflege der 1950er-Jahre

Die Gemeinde feierte ihren Gottesdient bis 1955 in einer Notkirche, die neben dem südlichen Seitenschiff in Ziegelbauweise errichtet worden war und 1956/57 durch die heutige „Pastor-Joseph-Könn-Aula" ersetzt wurde. Mit der Einweihung des neuen Altars in der Vierung des Trikonchos sowie der neuen Seifert-Orgel im neu geschaffenen, rekonstruierten „Westchor" unter dem Westturm am 10. Juni 1957 (Pfingstmontag) durch Joseph Kardinal Frings war die erste Phase des Aufbaus der Kirche selbst beendet (Abb. 6–7).[5] Der verantwortliche Kopf dieses ersten Bauabschnitts und zugleich der maßgebliche Gestalter von Altarzone, Glasfenstern sowie der sparsamen Fassung der Gewölberippen in Langhaus und Westquerschiff war der damalige Diözesan- und Dombaumeister Willy Weyres (1903–1989). Ihm stand der Architekt Wilhelm Hartmann zur Seite, während der seit den 1930er-Jahren vielfach bewährte „Denkmalingenieur" Wilhelm Schorn (1895–1968) den Aufbau im baustatischen Sinne betreute. Mit Ausnahme der erst 1965 bis 1974 ausgeführten denkmalgerechten Rekonstruktion des Vierungsturms (vgl. Abb. 10) war zu diesem Zeitpunkt der Innenraum der Kirche mit allen unterschiedlichen Gewölbeformen historisch korrekt wiederhergestellt. In der Ostvierung hatte man zunächst oberhalb der Pendentifs (Zwickel) zum provisorisch aufge-

führten achtseitigen Vierungsturm eine flache Holzdecke eingezogen; am Außenbau war über dem vereinfacht in Ziegelbauweise errichteten Tambour ein achtseitiges flaches Zeltdach samt Kreuz errichtet worden, mit dem die flachgedeckten Chorflankentürme optisch korrespondierten. Die Zone der Zwerggalerien unter den Halbkegeldächern der Konchen zeigte sich ebenso wie der Tambour als Ziegelarkatur (vgl. Abb. 6 und 10).

Abb. 8 (linke Seite): Bis 1957 rekonstruierte Westkrypta. Köln, St. Aposteln (Foto: Celia Körber-Leupold, Köln)

Abb. 9 (oben): Taufstein vor der „Fassade" der Krypta im westlichen Querhaus, 1964. Köln, St. Aposteln (Foto: RBA Köln, rba_131622)

Im Innern des Trikonchos „mußten die Reste der sehr beschädigten" Mosaikauskleidung der (vor-)letzten Jahrhundertwende im Zuge der baulichen Reparaturarbeiten „entfernt werden".[6] Die Architekturglieder blieben mit Ausnahme der Kapitellzonen, wo sich oft die Farbfassung des 19. Jahrhunderts (bis heute) erhalten konnte, steinsichtig. Die Wand- und Gewölbeflächen mit ihren Muldennischen und vielfältigen Verschneidungen wurden verputzt und weiß getüncht. Eine nach Entwürfen von Weyres gestaltete ornamentale „Notverglasung" sollte „die Fenster für die nächsten Jahre schließen."[7] Diese variantenreiche Verglasung, die in ähnlichem Duktus bis 1957 in alle Fensteröffnungen des Kirchenraums eingebracht wurde, ist bis heute erhalten und besitzt Denkmalstatus.

Im Zuge der Neuplanung der neuen Orgeltribüne im neu geschaffenen Westchor waren nach Abbruch der beschädigten neuromanischen Vorgängerin 1955 hier sowie im Bereich des zur Westvierung vermittelnden Tonnenjochs die umfangreichen Reste der Wandgliederung der schon im 17. Jahrhundert aufgegebenen Krypta zutage getreten (Abb. 8). Die Ergebnisse der durch Albrecht Mann ausgeführten Bauuntersuchung gingen in die Detailpläne zur Rekonstruktion dieser lange verlorenen Raumfolge ein. Krypten lagen im Trend der Zeit! Im Zuge der 1956/57 erfolgten Bauausführung wurde der aus dem 17. Jahrhundert stammende, im 19. Jahrhundert neu gestaltete doppelbogige Westeingang in der Turmfassade – der Haupteingang zur Pfarrkirche – geschlossen. Ein neuer Hauptzugang wurde in der Westwand des Südarms des Westquerhauses geschaffen. Das Bauvolumen der Krypta führte zur Anlage einer Empore im Westchor mit einer Art Fassade zur tiefer liegenden Westvierung (Abb. 9). Im Turmjoch des nach alter Tradition neu geschaffenen Westchors wurde die neue Orgel aufgestellt. Dank der Detailgestaltung des Freipfeifen-Prospekts war das Raumvolumen des Turmjochs immer noch zu erahnen – ganz im Gegensatz zur voluminösen Fischer- & Krämer-Orgel von 1996, die diesen Raum seither komplett verstellt.

Die sehr wesentlich Willy Weyres zu verdankende Wiederherstellung des Innenraums wurde ab 1950 in der Fachliteratur nahezu einhellig begrüßt. Wie ein roter Faden zieht sich durch alle Texte die Genugtuung, Wände und Wölbungen des Trikonchos von den historistischen Mosaiken befreit zu sehen. Schon Rudolf Schwarz hatte 1946/47 in der Vortragsreihe „Kirchen in Trümmern" geschildert, wie er „unlängst auf dem Heimweg durch die geborstene Mauer der Kirche die Mosaiken gesehen hatte, wie sie, nicht mehr gehüllt in die Dämmerung des halbdunklen Raums, nun im ehrlichen Licht des Tages lagen; ich merkte, wie nackt sie waren, wie sie eigentlich zugedeckt werden mußten, wie sie gleichsam auf einer Lüge ertappt waren, denn sie waren nie wahr".[8] Der renommierte Bauforscher Hans Erich Kubach schrieb 1950: „Unter allen Kirchen Kölns hat diese, trotz schweren Schäden, am meisten gewonnen: endlich sind die Mosaiken verschwunden [...]. Die Architektur kommt nun wieder in ihrer überwältigenden Größe zur Geltung [...]. Hier, wo die Muldennische die gesamte Gliederung bestimmt, wird besonders klar, wie ‚raumfeindlich' die Wandbehandlung des späten 19. Jahrhunderts allgemein war, die die raumhaften Werte der Wand, auf denen die Kunst aufbaut, unterdrückte".[9] In ähnlicher Weise äußerte sich Kubach 1979 noch einmal (siehe unten).[10] Paul Bender urteilte: „Der Denkmalpfleger nahm hier die Zerstörungen des Krieges zum Anlaß, um eine wesensfremde spätere Zutat [die Mosaiken] auszumerzen: er restaurierte doppelt zurück – nicht weil der ursprüngliche Zustand historisch echter, sondern weil er gemäßer war: nach Desillusionierung der Wände, durch die als seine Oberfläche der Raum sich näher definiert, spricht das Trichorum nunmehr sein Wesen deutlicher als ein ‚wie aus plastischer Substanz gekneteter' Raumkörper aus."[11] Deutlich differenzierter äußerte sich Hartwig Beseler:

„Im Inneren ist der Zentralbau fertig verputzt und verglast. Damit ist ein Raum wiedergewonnen, den seit 1895 die verhüllenden Mosaiken auf das schwerste schädigten. Daß sie infolge der Bombenerschütterungen nicht mehr zu halten waren, ist unbedingt erfreulich. Die weiß geputzte Wand, vor der kräftig die abgewaschenen Werksteinglieder mit ihren in der bisherigen Farbigkeit belassenen Kapitellen (blau, rot, gold) und die reliquienhaft eingespannten Schiefersäulen stehen, läßt die Architektur fast abstrakt erscheinen. Doch macht ein Vergleich mit spätromanischen Zentralbauten mit ursprünglicher Ausmalung (etwa Schwarzrheindorf oder die Allerheiligenkapelle in Regensburg) das endgültig Verlorene deutlich und warnt davor, die jetzige Lösung als ideal anzusehen. In jedem Falle wird man den jetzigen Bestand als nützlichen Ausgangspunkt für alle weiteren Überlegungen ansehen müssen. Vor diesem mächtigen Innenraum ist der Wunsch schwer zu unterdrücken, daß die Kuppel nun auch ausgewölbt wird und im Scheitel wieder eine Lichtquelle erhält."[12]

Dagegen äußerte Walter Bader im gleichen Band des Jahrbuches der Rheinischen Denkmalpflege:

„Wenn möglich, würden wir heute die wilhelminische Marmor- und Mosaikpracht des Aachener Oktogons entfernen und die strengere Architekturform wiederherstellen, [...], denn wir wissen, daß die verlorenen karolingischen Mosaiken unersetzlich sind. Verwirklicht wurde diese Erkenntnis in St. Aposteln zu Köln, wo die byzantinisierenden Mosaiken entfernt und so die großartige Architektur- und Raumform wiederhergestellt wurden, wie sie das Meßbild noch vom Jahre 1889 zeigte."[13]

Der in den späten 1950er-Jahren offenbar in Teilen der Kirchengemeinde bestehende Wunsch, in der Kalotte der Ostkonche die malerische Darstellung des Christus-Pantokrator ausführen zu lassen, wurde von den am 10. Juni 1958 zur Besprechung versammelten Denkmalpflegerinnen und Denkmalpflegern rundweg abgelehnt. Walter Bader betonte, dass nach Beseitigung der „entstellenden Mosaikbekleidung" die Architektur des Chores ungestört bleiben müsse. Albrecht Mann schrieb 1961/62:

„Wieweit die malerische Ausgestaltung des Raumes zwingend wird, kann noch nicht übersehen werden. Die Dekoration der Vorkriegszeit

läßt jedenfalls vor übereilten Schritten warnen. Mit der allgemeinen Bezugnahme auf die Ausmalung mittelalterlicher Bauten ist es nämlich nicht getan. Wenn das innere Bedürfnis der Benutzer, das heißt der Gemeinde, zu einem echten, zwingenden Anliegen werden sollte, müßte das rechte Maß und die glückliche Künstlerhand da sein. Dem Historiker wird dabei eine einzige Funktion zufallen: als Notbremse zu wirken."[14]

Damit endete die unmittelbare Auseinandersetzung der Zeitgenossen mit dem Ergebnis der ersten Phase der Wiederherstellung und der Fassung des Innenraums unter der Ägide von Willy Weyres.

Abb. 10: Trikonchos mit rekonstruierter Dachlandschaft von Südwesten, 1976. Köln, St. Aposteln (Foto: Stadtkonservator Köln/ Inge und Arwed von der Ropp)

Die zweite Phase: Theodor Schnitzler, Sepp Hürten, Manfred Ott, Paul Nagel und die Neuausstattung der Ostvierung (1960/1975/1988)

Der nach dem Tod von Pfarrer Dr. Joseph Können 1960 an die Kirche berufene Pfarrer Prof. Dr. Theodor Schnitzler (1910–1982) setzte, entsprechend seinen eigenen liturgiegeschichtlichen und pastoralen Interessen,[15] sogleich neue Akzente: Der Taufstein wurde 1961 aus der Krypta herausgenommen und mitten in der Westvierung aufgestellt, hervorgehoben durch ein eigenes Stufenpodest mit farbiger Marmorbeflurung, die der Bildhauer Sepp Hürten aus Wesseling (1928–2018) gestaltete. Die Ostkonche erhielt ein Chorgestühl und der Südflügel des Westquerhauses einen Marienaltar, wozu man ein überliefertes neugotisches Retabel in Dienst nahm. Mit Beginn der rekonstruierenden Aufbauarbeiten am Äußeren des Trikonchos 1965/66 (Abb. 10) setzte ein intensiver Diskussionsprozess zur Neugestaltung des zentralen liturgischen Bereichs im Osten ein. Dabei entwickelte Schnitzler eine spezifische Antwort auf die Ergebnisse der Liturgiereform des Zweiten Vatikanischen Konzils, die durch Sepp Hürten in konkrete Formen „gegossen" wurden (Abb. 11). Nach langen Diskussionen und zahlreichen Versuchen vor Ort war das Ensemble, bestehend aus Vierungsaltar, Baldachin-Leuchterkrone, eucharistischer Taube mit Strahlenkranz, die den edelsteingeschmückten Tabernakel in ihren Krallen hält, 1974/75 geschaffen, montiert und am 21. September 1975 von Joseph Kardinal Höffner geweiht worden.[16]

1988 wurde diesem mit großem Aufwand neu geschaffenen liturgischen Ensemble, das zusätzlich die 1975 ergrabenen Mauerzüge des ursprünglichen flachen Ostabschlusses der Pilgrimsbasilika des 11. Jahrhunderts als Rückwand der Priestersitze memorierend zu integrieren hatte, noch ein weiteres Element hinzugefügt: Oberhalb dieser archäologisch inspirierten Brüstungsmauer fand am Beginn der Ostkonche,

einige Stufen höher als der Vierungsbereich, eine Art Retabel aus Schmiedeeisen seinen Platz. Entwurf und Ausführung verdankt sich Paul Nagel (1925–2016). Zu beiden Seiten des zentralen Expositoriums, in dem, als Symbol für den anwesenden Christus, alternativ ein Evangeliar oder eine Monstranz aufgestellt werden können, fanden die zwölf Apostelstatuetten aus Holz aus der Mitte des 14. Jahrhunderts ihren Platz.[17]

Zur Vervollständigung dieser Ausgestaltung sollte schließlich in einer ersten Version das Gewölbe ausgemalt werden: Exakt in der Vertikalen über dem neu gestalteten Altarbezirk „schwebte" nun als Krönung hoch oben in der

Abb. 11 (linke Seite): Vierungsaltar mit Leuchterkrone und Bodengestaltung, Sepp Hürten, 1974/75. Köln, St. Aposteln (Foto: Celia Körber-Leupold, Köln)

Abb. 12: Gewölbe des Vierungsturms mit ehem. Fassung nach Willy Weyres (Wölbung) und von Manfred Ott (Tambour, Fenster), 1974/75. Köln, St. Aposteln (Foto: Celia Körber-Leupold, Köln)

Wölbungszone eine zeitgleich geschaffene, stark blautonige Ausmalung von Tambour, Klostergewölbe und Laterne des wiederhergestellten Vierungsturms (Abb. 12). Diese anspruchsvoll inszenierte Neufassung seiner Wand- und Wölbungszone war nach Vorgaben von Willy Weyres (Wölbungszone) und nach Entwürfen des Kölner Malers Manfred Ott (1933–2014, Tambourwände und vier Glasfenster) geschaffen worden.[18]

Die dritte Phase: Karl Günter Peusquens, Wilhelm Nyssen, Hermann Gottfried und die Ausmalung des Trikonchos (1976/1988/1993)

Die farbenkräftige Fassung dieses neu errichteten, in jeder Hinsicht zentralen Teils des Trikonchos sollte nach den Intentionen von Weyres, aber auch von großen Teilen der Kirchengemeinde, von Pfarrer Dr. Schnitzler sowie nunmehr auch von den verantwortlichen Konservatoren zum Nukleus für eine mögliche Ausbreitung in den übrigen Kirchenraum hinein werden. Kontrovers wie die Debatte über die Altargestaltung verlief in den nachfolgenden Jahren allerdings auch diejenige um Art und Weise der angestrebten Ausmalung (Abb. 13). Die 1976/77 an der Ostseite des Nordarms des Westquerhauses im Wand- und Wölbungsbereich modellhaft angebrachten kräftigen Farbpartien (Konzept: Willy Weyres, in ähnlicher Manier wie im Gewölbe des neuen Vierungsturms) erwiesen sich als so wenig konsensfähig, dass die Diskussion zunächst einmal abgebrochen wurde und einige Zeit ruhte. Der nach der Pensionierung Theodor Schnitzlers 1977 neu berufene Pfarrer Dr. Karl-Günter Peusquens – einer seiner „Schüler“[19] – plädierte am 20. Oktober 1977 in einem Interview mit der Kölnischen Rundschau für eine „Denkpause“. Persönlich stand er einer Ausmalung vor allem mit inhaltlichen Bezügen positiv gegenüber und äußerte zu jenem Zeitpunkt schon sein Gefallen an der aktuellen, stark figürlichen Farbfassung der neuromanischen Pfarrkirche St. Hubertus in Köln-Flittard, die 1976/77 durch Hermann Gottfried geschaffen worden war.[20] Dezidierter äußerte sich Peusquens in einem Konzeptpapier vom 12. Januar 1978: Als Inspirationsquelle für eine mögliche figürliche Ausmalung des gesamten Trikonchos samt Vierungsturm nannte er hier die „Geheime Offenbarung des Johannes“ (Apokalypse), das letzte, bilderreiche Buch des Neuen Testaments. Manfred Ott, der 1975 die Tambour-Malerei und die vier Farbfenster geschaffen hatte, wurde mit der Anfertigung von Farbskizzen auf Karton für eine malerische Darstellung der „Vier Wesen“ in der Pendentif-Zone des Vierungsturms beauftragt (Abb. 14).[21] Es kam allerdings zu keinem weiteren Versuch vor Ort. Wie stark emotional sich prominente Kunsthistoriker zu diesem Zeitpunkt äußerten, zeigt folgende Passage aus der Bestandsaufnahme der „Wiederherstellung der Kölner Baudenkmäler“, die der oben zitierte Hans Erich Kubach 1979 veröffentlicht hatte:

„Viel schlimmer [als die Nutzung des Inneren von St. Cäcilien zu Museumszwecken, U.K.] ist das, was sich in St. Aposteln anzubahnen scheint. Im Westquerschiff sind Proben in der Art der spätromanischen Wandbehandlung angesetzt, die aber durch das leuchtende Blau der Kappenflächen übertönt wird, das außerdem durch seinen ‚synthetischen‘ Charakter aus dem Rahmen fällt. Noch viel schlimmer ist es im östlichen Dreikonchenbau, der zu den weltberühmten architektonischen Kunstwerken ersten Ranges gehört. Er war seit 1895/1907 durch die unglückliche und stilwidrige Mosaizierung außerordentlich stark beeinträchtigt. Seit deren Zerstörung im Kriege war eine etwas nüchterne, helle Tünche aufgebracht worden, die zwar Akzente vermissen ließ, aber den reinen Klang der Architektur vernehmbar machte – ein ganz besonderes Erlebnis für jeden der Baukunst Aufgeschlossenen. Seit einigen Jahren ist nun die Vierungskuppel samt ihrem Tambour wiederum neu ausgemalt, in einer Art, daß das Ganze als Pappdeckelattrappe in verspäteten Jugendstilformen mit muselmanischen [sic!] Elementen durchsetzt, wirken läßt. So schwebt nun die Kuppel mit diesem schweren, dunklen, sich selbstherrlich gebärdenden Dekor über der reinen Architektur des Trikonchos.

Abb. 13 (rechte Seite oben): Ehem. Musterfelder im Gewölbe und an der Gliederung nach Willy Weyres im Nordarm des Westquerhauses, 1976/77. Köln, St. Aposteln (Foto: Celia Körber-Leupold, Köln)

Abb. 14 (rechte Seite unten): Farbskizze für die Ausmalung von Ostvierung und Ostkonche, Manfred Ott, 1977/78 (Foto: Celia Körber-Leupold, Köln)

Selbst als Kontrastwirkung erscheint das als eine unmögliche Lösung. Sollte aber der Plan bestehen, auch den Unterbau – Apsiden und Tonnenjoche – in dieses System einzubeziehen, so wäre es für viele Jahrzehnte um den großartigen Raum geschehen. Er verlangt eine besonders sorgfältige, einfühlende und zugleich zurückhaltende Behandlung. Man sollte jedenfalls alles daransetzen, um diese ‚Ausmalung' sogleich zu beseitigen. (Wie zu erfahren ist, soll der Probeversuch nicht weitergeführt werden, da die zuständigen Stellen der Denkmalpflege dem Ergebnis nicht zustimmen). Leider ist, als Ausnahme im Bereich der Kölner Kirchen, auch der neue Hochaltar in der Vierung eine besonders unglückliche Lösung: über dem winzigen Altartisch aus neuromanischen Bestandteilen schwebt eine riesige schwere Metallkonstruktion mit der ‚eucharistischen Taube' durch große diagonale Zuganker in den romanischen Vierungspfeilern gehalten."

Kubach lobte dann allerdings:

„Erfreuliches ist dagegen über die bauliche Wiederherstellung zu berichten. Die im 17. Jahrhundert zerstörte Westkrypta ist freigelegt und unter Verwendung der alten Reste mit neuer Wölbung wiederaufgebaut. Daher wurde das neuromanische Westportal beseitigt. Der hochgelegene Westchor kommt wieder zur Geltung, wenn auch durch ein großes Orgelgehäuse teilweise verstellt. Die Eingänge, ursprünglich an der Ostseite des Westquerschiffs, sind auf dessen Westseite verlegt. Trotzdem ist der Eindruck der spätottonischen Zweipoligkeit wieder beherrschend und in der stauferzeitlichen ‚Kreisung' (Meyer-Barkhausen) wirksam. Am Kleeblattbau sind Kuppel und Laterne wieder vorhanden, und die Zwerggalerien haben ihre Plattenbrüstungen und ihre Pfeiler in alter Form zurückerhalten. (Nach Zwischenlösung in Backstein). Die Wiederherstellung der ursprünglichen Baugestalt des Trikonchos ist jedenfalls ein bedeutender Gewinn".[22]

Die Diskussion um die malerische und sonstige Neufassung des Kirchenraums erreichte im November 1981 ein neues Stadium, nachdem die seit dem 1. September 1978 installierte neue Stadtkonservatorin Hiltrud Kier sich kritisch zur bisherigen Vierungsgestaltung wie folgt geäußert hatte: „Es war alles sehr teuer, aber die Grenze zum Kitsch ist überschritten."[23] Dieses Votum war in die Öffentlichkeit gelangt. Kier schilderte 2004 rückblickend den damaligen Stand des Diskussions- und Realisierungsprozesses, an dem sich zu Anfang auch noch Prof. Dr. Theodor Schnitzler (gest. 1982) beteiligt hatte:

„Am 9. September 1982, bei einer Diskussion mit dem Kirchenvorstand von St. Aposteln über die gewünschte künstlerische Ausmalung der gesamten Kirche, konnte festgestellt werden, daß noch kein inhaltliches Konzept vorlag. Aus diesem Grunde wurde der Kontakt zu dem Theologieprofessor Wilhelm Nyssen empfohlen, der in engem Kontakt mit allen Beteiligten sein umfassendes Programm aus der Offenbarung des Johannes für die Konchen entwickelte und die Darstellung des Himmlischen Jerusalems für die Kuppel vorschlug (anstelle der Ornamentmalerei von Manfred Ott, die ‚manche an die Ausmalung muslimischer Moscheenkuppeln' erinnerte). Parallel dazu liefen 1983–85 die Bemühungen, den Kulturkreis beim Bund der Industrie (BDI) zur Veranstaltung eines Wettbewerbes für die Ausmalung von St. Aposteln zu motivieren. Dieser Wettbewerb kam aber nicht zustande, auch der Kontakt mit dem vom BDI für die Ausmalung vorgeschlagenen Künstler Felix Droese konnte nicht vertieft werden. Hermann Gottfried mit dieser Aufgabe zu konfrontieren war aus den gemeinsamen Gesprächen aller Konservatoren erwachsen, die seine vielfältigen Arbeiten für Glasfenster und Wandmalerei kannten und schätzten und ihn daher guten Gewissens der Gemeinde von St. Aposteln empfehlen konnten. Mitte des Jahres 1985 trat Hermann Gottfried in Kontakt mit Pfarrer Peusquens und erhielt Ende 1985 einen ersten Auftrag für Entwürfe, die ein Jahr später vorlagen. Am 9. Dezember 1986 besichtigten Dr. Ulrich Krings, Referent für Kirchen beim Stadtkonservator Köln und seit Dezember 1990 mein Nachfolger, (und ich) diese Entwürfe im Atelier von Hermann Gottfried und (wir) waren beide ebenso spontan begeistert, wie dies auch bei den anderen Beteiligten der Fall war. In einem gemeinsamen Ortstermin mit Hermann Gottfried in St. Aposteln am 9. Juli 1987 wurde diese allgemeine Zustimmung noch einmal bekräftigt. Anwesend waren dabei: Pfarrer Peusquens, Erzdiözesan-Baumeister Rüenauver, Dr. Machat als Referent des Landeskonservators, Frau Dipl. Ing. Precht und Frau Dipl. Ing. Tucholski vom Regierungspräsidium Köln, Architekt Hagen, Dr. Ulrich Krings und ich. Wir waren uns, bei aller Zuversicht und allem Vertrauen in Gottfrieds künstlerische Potenz, alle der Tragweite dieses Entschlusses durchaus bewußt – nicht zuletzt auch Hermann Gottfried, der in einem Brief am 21. März 1988 an das Amt des Stadtkonservators schrieb: ‚Nun ist ja Aposteln akut. Was kommt da auf mich zu, auf uns zu? Wir werden sehen, Mut habe ich und zuversichtlich bin ich auch.‘ Etwas mehr als ein Jahr später war die Nordkonche ausgemalt, die den Kampf der bösen und der guten Mächte nach der Offenbarung des Johannes in einer raumgreifenden Komposition in rot-schwarz-grauen Farben darstellt. Beim ‚Apostelfest‘ des Fördervereins Romanische Kirchen am 22. September 1989 wurde dieser erste Teil der Ausmalung einem größeren Publikum präsentiert. Dr. Günter Heidecke, der Vorsitzende des Fördervereins, der einen größeren Zuschuß zur Ausmalung leistete, betonte bei der Vorstellung: ‚Etwas mehr Wagemut bei der Ausmalung der Kirchen wäre uns allen zu wünschen.‘ In einem ganzseitigen Artikel des Kölner Stadt-Anzeiger stellte Werner Strodthoff zu Weihnachten 1989 diese Ausmalung in einem größeren Zusammenhang und mit vorsichtiger Zurückhaltung vor. Er ließ aber insgesamt erkennen, daß seine Vorliebe den putz- und steinsichtigen Wänden in der Nachfolge von Holzmeisters Renovierung von St. Georg 1929/30 gilt.“[24]

Hermann Gottfried realisierte in drei Arbeitsphasen im Trikonchos das folgende ikonografische Programm, das sehr wesentlich von den Theologen Wilhelm Nyssen und Karl-Günter Peusquens entwickelt worden war:[25] In der Kalotte der Ostkonche erscheint die Vision des himmlischen Thronsaals, in derjenigen der Nordkonche, wie oben erwähnt, als Symbol des Kampfes der bösen und der guten Mächte die „apokalyptische Frau“ (Abb. 15–16). Dagegen ist in der Kalotte der Südkonche „das Lamm auf dem Berg Zion“ dargestellt (Abb. 17). Die Malgründe der den Kalotten vorgelagerten Tonnengewölbe nehmen auf das jeweilige Hauptthema Bezug und zeigen den thronenden bzw. wiederkehrenden Christus im Osten, den Gekreuzigten im Norden und den Auferstandenen im Süden. In den vier Pendentifs (Zwickeln) unter dem achtseitigen Vierungsturm finden sich die Darstellungen der vier „apokalyptischen Wesen“: Mensch, Löwe, Stier und Adler. In den vier rundbogigen Nischen des Tambours sind vier mal drei (= zwölf) Engel als Hinweis auf die zwölf Tore und Türme des „Himmlischen Jerusalem“ dargestellt. Als dessen Abbild war die reale Architektur des Vierungsturms selbst durch Auftraggeber, Programmentwickler und Künstler gedeutet worden (vgl. Abb. 1).[26]

Nach technischen Vorbereitungen an den Wand- und Gewölbeflächen hatte Hermann Gottfried in der zweiten Jahreshälfte 1988 mit der Ausmalung der Nordkonche begonnen, die dazu komplett eingerüstet und von der Vierung abgetrennt worden war. Ähnlich gestalteten sich die Arbeiten sukzessive bis 1993 in den beiden übrigen Raumkompartimenten: Die Südkonche folgte 1991, die Ostkonche 1992/93, die Ausmalung der Pendentifs und der vier Nischen der Tambourzone des Vierungsturms bildete 1993 den Abschluss. Dabei blieben in den vier Rundbogenfenstern die ornamentalen Glasbilder Manfred Otts von 1975 erhalten. Otts Tambourbemalung aus dem gleichen Jahr wurde mit Japanpapier sorgfältig überklebt und somit konserviert; die Denkmalpflege hatte zuvor seine Zustimmung zu dieser Maßnahme eingeholt.

Seit Mitte des Jahres 1990 waren die kritischen Stimmen zunehmend lauter geworden: Artikel namhafter Journalisten und Fachleute in Tages- wie in Fachzeitungen, selbst im „Spiegel“, beleuchteten bis etwa 1993 das Für und Wider der neuen Farbenpracht in den Kölner Kirchen. Die Mehrzahl stand den Aktivitäten eher ablehnend gegenüber; man hegte noch immer deutlich jene puristischen Vorstellungen von Romanik, wie sie seit den 1950er-Jahren in der kunsthistorischen Fachliteratur evoziert worden waren. Einige Überschriften mögen hier genügen: „Die Majestät des Raumes ist zerstört", „Karnevalszug der Kolorierungslust", „Schmuck vom Kardinal", „Umgekehrter Bildersturm. Streit um die Ausgestaltung der romanischen Kirchen", „Christliche Kunst in Kölner Kirchen? Ein Beitrag zur Diskussion um die Ausstattung der Kölner (romanischen) Kirchen."[27] In Formaten wie dem „Kölner Rathausgespräch", in zahlreichen Veranstaltungen, zu denen von Vereinen wie dem Bund Deutscher Architekten (BDA) Köln unter seinem Vorsitzenden Heinz Bienefeld, oder auch dem Kölner Regionalverband des Rheinischen Vereins für Denkmalpflege und Landschaftsschutz unter dem Vorsitz zunächst von Prof. Fritz Hilgers sowie ab 1992 seiner Nachfolgerin Dipl. Ing. Barbara Precht eingeladen wurde, befasste man sich kritisch mit dem Werk Hermann Gottfrieds und anderer damals beauftragter Künstler.[28] Diese Foren eröffneten jedoch auch die Möglichkeit, Gegenmeinungen zu artikulieren oder gaben verantwortlichen Denkmalpflegern, wie dem Verfasser dieses Beitrags, Gelegenheit, ihre beziehungsweise seine Positionen zu erläutern.[29] Auch Hermann Gottfried selbst meldete sich zu Wort.[30] Hiltrud Kier reflektierte in ihrem zitierten Beitrag von 2004 die mögliche Wirkung der oft polemischen Ausführungen mit der „massiven und teilweise sehr unfairen Ablehnung durch die Medien" auf den Künstler selbst.[31] Er hätte sich gewiss ein anderes, positiveres Echo gewünscht.

Die damalige Reaktion des Verfassers auf diese lautstark, oft auf hohem Niveau, oft auch ebenso engagiert wie polemisch geführte Diskussion fasste dieser 2021 wie folgt zusammen:

Abb. 15: Vor Gottes Thron/Das gläserne Meer, Hermann Gottfried, 1988/89. Köln, St. Aposteln, Ostkonche (Foto: Christoph Kraneburg, Köln)

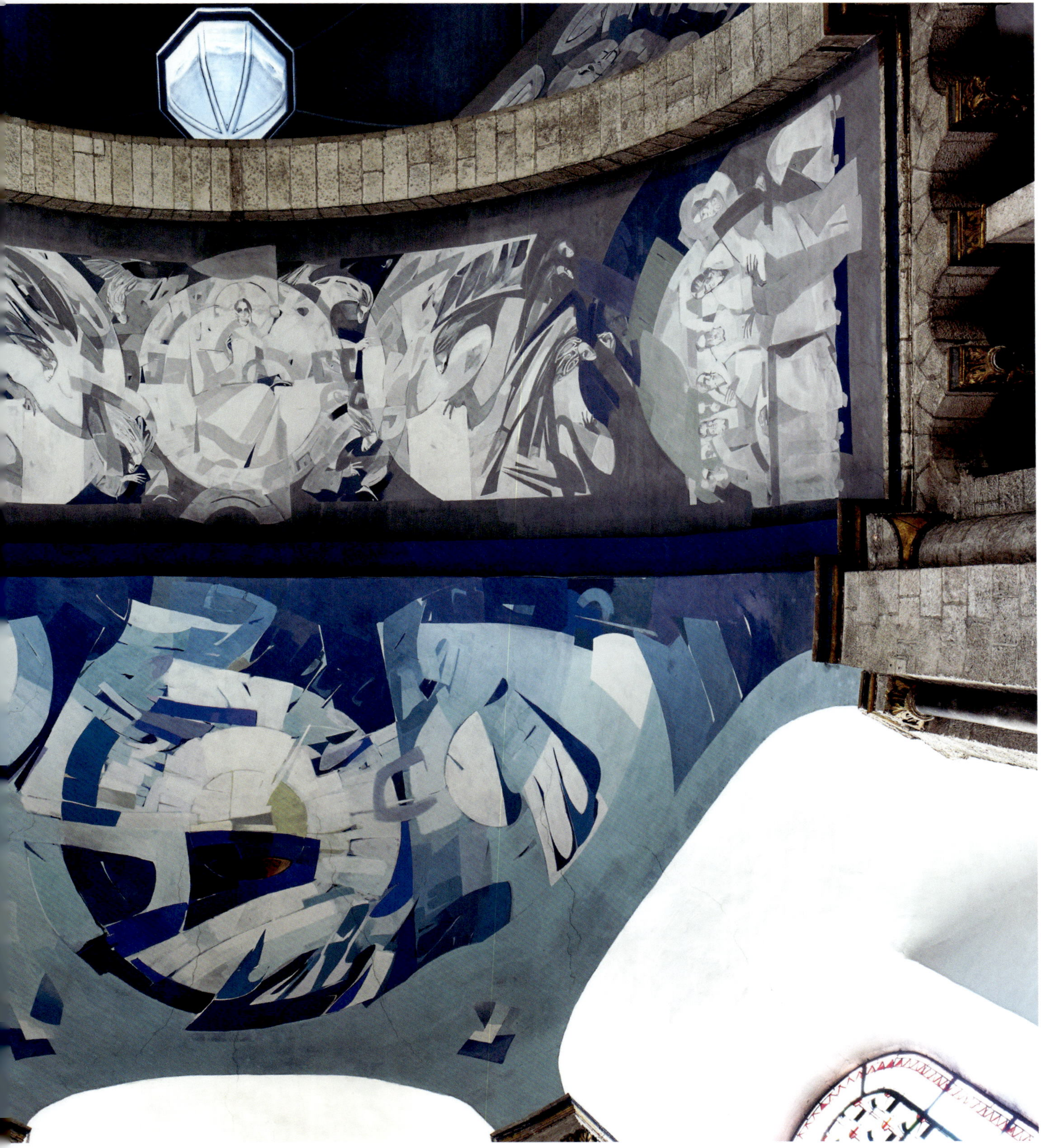

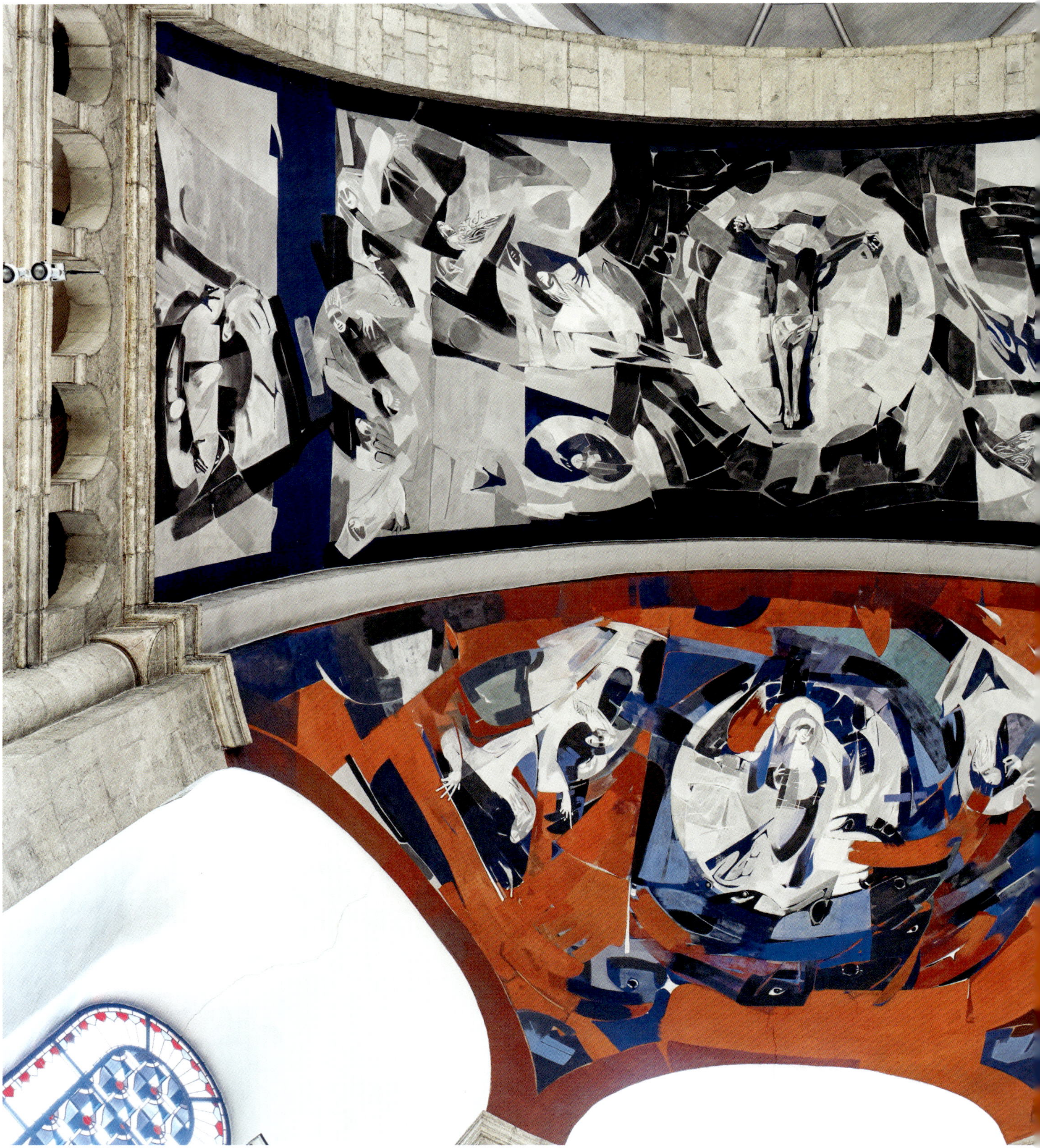

„Gottfrieds ‚Apokalypse' in St. Aposteln ließ den Chor ablehnender Stimmen nachhaltig, teilweise schrill und fast so farbintensiv, flackernd und bewegt wie die neuen Malereien selbst anschwellen. Es gab allerdings auch viel Zustimmung. Nachdem ich um die Jahreswende 1990/91 in der Nachfolge Hiltrud Kiers Stadtkonservator geworden war, hatte ich vom ersten Tage an alle Hände voll zu tun, um die kritischen Bemerkungen aufzufangen und zu ‚sortieren', die mir [...] entgegenschlugen. Ich sah mich vor die Aufgabe gestellt, meinen Standort grundlegend zu reflektieren, um angemessene Antworten zu finden. Zu diesem Zeitpunkt war meine Skepsis gewachsen; die Euphorie der frühen 1980er-Jahre gegenüber neuen Ausmalungen und Ausgestaltungen war weitgehend verflogen. Andererseits war ich an den entscheidenden Weichenstellungen beteiligt gewesen, hatte die Projekte positiv begleitet und realiter mit befördert. Da gab es nichts zu deuten oder abzuleugnen. Ich erklärte öffentlich, die 1989 begonnenen Maßnahmen, wie etwa in St. Aposteln (und die ebenfalls kritisierte Deckengestaltung in St. Pantaleon durch Dietrich Hartmann, realisiert 1992/93) zu Ende zu bringen, jedoch neue Initiativen, etwa in Groß St. Martin oder auch in St. Maria im Kapitol, weder anzuregen noch zuzulassen. In die Diskussion um die ‚Neuausstattungen' sollte erst einmal Ruhe einkehren. Ich distanzierte mich vorsichtig, aber deutlich von der ursprünglichen Dynamik, ohne die Leistung und das Anliegen etwa Hiltrud Kiers und der übrigen Förderer, aber natürlich auch das jeweilige Werk der ausführenden Künstler zu desavouieren. Heute bin ich davon überzeugt, dass diese Entscheidung richtig war."[32]

Abb. 16: Kreuzigung/Die apokalyptische Frau, Hermann Gottfried, 1991. Köln, St. Aposteln, Nordkonche (Foto: Christoph Kraneburg, Köln)

Der Befund des Jahres 1993 zeigte aus Sicht des Verfassers, dass namhafte Kritikpunkte, die von den Diskutanten geäußert worden waren, tatsächlich berücksichtigt wurden. Hier einige Beispiele: 1. Die Kappen des Klostergewölbes des Vierungsturms blieben letztlich ohne figürliche Gestaltung, sie wurden lediglich in das Farbkonzept Gottfrieds „eingebunden"; das kräftige Blau von 1975 wich einem matten violetten Farbton. 2. Auf eine farbliche Fassung der seit dem Zweiten Weltkrieg steinsichtigen Architekturglieder im Bereich der großen Vierungsbögen zwecks „Anbindung" an das System Gottfrieds wurde ebenso verzichtet wie 3. auf eine Ausdehnung der bemalten Flächen hinein in die unteren Wandzonen des Trikonchos mit ihren reich gestalteten, oft von Säulchen gerahmten Nischen. Die Fenstergaden und die Sockelgeschosse blieben entgegen der ursprünglichen Intention Gottfrieds und seiner damaligen Auftraggeber letztlich ungefasst, also weiß.

Mittlerweile sind weitere 30 Jahre ins Land gezogen, die damaligen Aktivitäten sind ebenso wie der heftige Streit längst Geschichte und die Werke der beteiligten Künstler, hier Hermann Gottfrieds, können heute aus der zeitlichen Distanz möglicherweise gerechter, auf jeden Fall entspannter als damals beurteilt werden.

Abb. 17: Auferstehung/Das Lamm auf dem Berg Zion, Hermann Gottfried, 1992/93. Köln, St. Aposteln, Südkonche (Foto: Christoph Kraneburg, Köln)

1 Daten dieses Beitrags ohne eigene Quellen-Angabe basieren ebenso wie die referierten Zustandsbeschreibungen (Zeitgrenze ca. 2005) auf: Krings/Schwab 2007; darin St. Aposteln: S.76–119; CD-Beilage: S. 26–51.
2 Zitat ohne Quellenangabe bei Krings/Schwab 2007, S. 82.
3 Fraquelli 2010, S. 7–349, darin zur Mosaizierung von St. Aposteln S. 3–94.
4 Fraquelli 2010, S. 92f.
5 Odenthal überliefert, dass die neue steinerne Altarplatte bei der Montage beschädigt worden war, sodass Kardinal Frings die Altarweihe eigentlich nicht hatte vollziehen wollen: Odenthal 2004, S. 476-491, hier S. 485. Hier liegt m. E. eine der Ursachen für die energischen Bemühungen um einen neuen Vierungsaltar ab 1960 durch Pfarrer Dr. Theodor Schnitzler (s. u.).
6 Weyres 1951, S. 11–17, 12.
7 Weyres 1951, S. 12.
8 Gesellschaft für christliche Kultur 1948, S. 24.
9 Kubach 1950, S. 181–186, 183.
10 Kubach 1979, S. 405–415, 407.
11 Bender 1951, S. 197–207, 203.
12 Beseler 1956, S. 225–263, 236.
13 Bader 1956, S. 13–38, 31.
14 Mann 1962, S. 1–71, 54.
15 Zu Schnitzler siehe Odenthal 2004, S. 476–491.
16 Zum neuen Tabernakel in St. Aposteln Hofmann 1985, S. 9.
17 Es ist ein Gebot der Fairness, daran zu erinnern, dass zuvor unzählige Versuche unternommen worden waren, für das kunsthistorisch bedeutende Skulpturenensemble einen angemessenen Platz in der Kirche – mit dem Patrozinium der Apostel – zu finden.
18 Auszüge aus der kritischen Stellungnahme von Kubach 1979 finden sich weiter unten.
19 Odenthal 2004, S. 484.
20 Krings/Schwab 2007, CD, S. 42–43, 43.
21 Krings/Schwab 2007, CD, S. 43–44.
22 Kubach 1979, S. 407–408.
23 Kölner Stadtanzeiger, Nr. 268, 17. November 1981; Krings/Schwab 2007, CD, S. 45.
24 Kier 2004, S. 31–37.
25 Schneider 2004, S. 492–515.
26 Siehe Hofmann 1985, S. 3–9.
27 Werner Strodthoff, in: Rheinische Heimatpflege, 27. Jg. (NF), Heft 3 (1990), S. 216. – Sebastian Preuss, in: Frankfurter Allgemeine Zeitung, 7. September 1990. – N.N., in: Der Spiegel, 40 (1991). – Wolfgang Pehnt, in: Frankfurter Allgemeine Zeitung, 28. November 1991. – Helmut Fußbroich, in: Colonia Romanica 3 (1988), S. 135–141.
28 6. Rathausgespräch, veranstaltet von der CDU-Ratsfraktion am 1. Juli 1992. Dabei Referat von Stadtkonservator Dr. Ulrich Krings: Die künstlerische Neu-Ausstattung der romanischen Kirchen in Köln, publiziert in: Der Stadtkonservator 1998, S. 454–456. Die bisher zitierten kritischen Stellungnahmen von Strodthoff bis Fußbroich sind erneut ediert in: Der Stadtkonservator 1998, S. 440–450.
29 Aus dem Kreis der befürwortenden Stimmen jener Jahre können neben Hiltrud Kier oder auch Karl-Günter Peusquens benannt werden: 1. Weihbischof Friedhelm Hofmann 1990 oder auch 2. Erzdiözesanbaumeister Josef Rüenauver 1990. Christoph Machat 1989 oder auch Gottfried Stracke 1990 können als vorsichtig-abwägende Stimmen bezeichnet werden. Die hier zitierten Abhandlungen sind neu ediert in: Stadtkonservator 1998, S. 428–440.
30 Gottfried 1991, S. 13. Neu ediert in: Stadtkonservator 1998, S. 444f.
31 Kier 2004, S. 37, benennt hier zwei Lager: „Auf der einen Seite diejenigen, die die Romanischen Kirchen gerne stein- und putzsichtig erhalten wissen wollen, wozu vor allem auch die Architekten zählen, auf der anderen Seite die Galeristen und Kunstsammler, die diesen großen und prominenten Auftrag lieber an einen ihrer Künstler vergeben haben wollten."
32 Krings 2021, S. 106–111.

Abb. 18: Köln, St. Aposteln, Ansicht von Südosten (Foto: Christoph Kraneburg, Köln)

Colonia Romanica XXXVI

Aus den romanischen Kirchen Kölns

St. Andreas

Ein Bilderschatz braucht Hilfe
Die Wandmalereien in St. Andreas bilden eines der umfangreichsten erhaltenen Ensembles mittelalterlicher Monumentalmalerei in Köln. Der Bestand umfasst romanische Malereien des 12. Jahrhunderts im nördlichen Treppenturm und in der salischen Krypta, gotische Wandmalereien aus dem frühen 14. Jahrhundert in den Seitenkapellen sowie zahlreiche Malereifragmente des 15. Jahrhunderts in der Krypta sowie im Lang- und Querhaus (Abb. 1). 1977 bis 1987 erfolgte die letzte Restaurierung durch das Rheinische Amt für Denkmalpflege. Die Essener Restauratorin Stefanie Gatzke führte von Mai bis Juni 2021 eine Zustandskontrolle und eine Kartierung aller Wandmalereien durch, welche die Dringlichkeit einer konservatorischen Maßnahme zum Erhalt der Substanz deutlich machten. Diese wird ab Sommer 2022 durch Susanne Brinkmann und Christina Verbeek (Atelier für Restaurierung und Konservierung, Köln) erfolgen. In diesem Zusammenhang soll auch die Verbesserung der Beleuchtung geplant werden, um die mittelalterlichen Wandbilder wieder erstrahlen zu lassen. (MG)

Warten auf das Himmlische Jerusalem
„Warten auf das Himmlische Jerusalem" – so titelte die Kölnische Rundschau am 15. März 2022 anlässlich der Pressevorstellung von zwei weiteren Fenstern des Künstlers Professor Markus Lüpertz für St. Andreas. Am Tag zuvor hatte der Vorsitzende Helmut Haumann die beiden neuen Fenster auf der Nordseite von St. Andreas, das Joseph- und das Tauffenster, der Presse vorgestellt. 2020 war als erstes Fenster auf der Nordseite das Peter von Mailand-Fenster eingesetzt worden. Das Josephfenster zeigt den Vater Jesu in farbigem Gewand und mit einer Säge in der Hand – als Hinweis auf seinen Beruf als Handwerker. Auf dem Tauffenster sind Johannes und Christus in fließendem Wasser zu sehen. Der Täufer gießt Wasser über Christus aus (Abb. 2). Das vierte Fenster auf der Nordseite, die Darstellung des Himmlischen Jerusalems, soll baldmöglichst eingebaut werden. Da der Förderverein Romanische Kirchen Köln noch weitere Spender sucht, wurde in der Pressekonferenz auch auf das neue Online-Spendenportal „Hier mit Herz"

Abb. vorherige Doppelseite: Grabmal der hl. Ursula, Detail, 1654, nach teilweise erfolgter Reinigung. Köln, St. Ursula, nördl. Querhaus (Foto: afr, Brinkmann & Verbeek, Köln)

Abb 1: Hll. Anna und Agatha, 1. Hälfte 14. Jh. Köln, St. Andreas (Foto: LVR-ADR, Hans Meyer)

Abb. 2 (rechte Seite): Tauffenster, Markus Lüpertz, 2022. Köln, St. Andreas (Foto: Christoph Kraneburg, Köln)

der Sparkasse KölnBonn hingewiesen, über das sich kinderleicht und bequem eine Spende auf dem heimischen Rechner ausführen lässt (www.skbn-engagement.de/project/fenster-fuer-die-ewigkeit/). Große und kleine Spenden sind sehr willkommen. (GOD)

St. Maria im Kapitol

Sicherung der Wandmalereien in der Krypta
Die Wandmalereien in den Apsidiolen und der Achskapelle in der Krypta von St. Maria im Kapitol gehören zu den wenigen erhaltenen Resten romanischer Wandmalerei im Rheinland. Historische Aufnahmen und Aquarelle zeigen, dass die Szenen aus dem Neuen Testament und Leben Jesu zu Beginn des 20. Jahrhunderts noch erheblich umfangreicher erhalten waren. Der Bestand wurde im Zweiten Weltkrieg und beim Einsturz der Ostapsis 1948 erheblich reduziert. Seitdem wurden die Malereien mehrfach restauriert, nicht zuletzt, da die zeitweilige Nutzung der Krypta als Salzlager zwischen 1838 und 1853 bis heute nachwirkt: So sind die Wandbilder heute durch Salzbelastung immer mehr in ihrer ohnehin fragmentarisch erhaltenen Substanz bedroht. Die Werkstatt Restauratoren Kartäuserhof aus Köln führte bis März 2021 eine Konservierung der Malereien durch (Abb. 3–4). Aufgrund des schlechten Erhaltungszustandes wurden vor allem substanzerhaltende Maßnahmen vorgenommen: Festigung von Malschicht und Putz, Oberflächenreinigung sowie Kitten und Verbinden von Fehlstellen durch Retuschen. Dadurch wurde das unregelmäßige Erscheinungsbild beruhigt und die Lesbarkeit der Darstellungen verbessert, wenngleich sie letztlich aufgrund der massiven Schädigungen nicht in vollem Umfang wiederherzustellen ist. (MG)

Abb. 3 (linke Seite oben): Wandmalerei, 11. Jh., Vorzustand einer Musterfläche. Köln, St. Maria im Kapitol, Krypta (Foto: Restauratoren Kartäuserhof, Köln)

Abb. 4 (linke Seite unten): Wandmalerei, 11. Jh., Retusche der Musterfläche. Köln, St. Maria im Kapitol, Krypta (Foto: Restauratoren Kartäuserhof, Köln)

Bunte Bildertüren in der Diskussion
Vom 21. bis 23. Oktober 2021 fand ein internationales Forschungskolloquium zu den salischen Bildertüren von St. Maria im Kapitol am Institut für Restaurierungs- und Konservierungswissenschaft (Cologne Institute of Conservation Sciences) der TH Köln unter der Konzeption von Professorin Dr. Regina Urbanek statt. Im Mittelpunkt stand eine Neubewertung der jüngeren, zweiten Farbfassung der um 1049 entstandenen und erstmals gefassten Holztüren, die nach jüngeren Überlegungen in das 12. Jahrhundert datiert werden kann. Die Befunde und ihre technologische sowie kunsthistorische Einordnung gaben den Anlass einer umfassenden Diskussion der Türen auch mit einem Blick auf andere Holztüren von der Spätantike bis zum Ende des Spätmittelalters. Die Beiträge sollen in einem Tagungsband vorgelegt werden. (KB)

St. Pantaleon

In neuem Gewand
Nach gut zwei Jahren Bauzeit wurde an Ostern 2022 die Sanierung des Westbaus von St. Pantaleon abgeschlossen. Außen sind sämtliche Dächer neu beplankt und mit Schiefer eingedeckt worden (Abb. 5). Die Mauerschale aus Tuffsteinquadern unterschiedlicher Epochen erhielt neue, farblich angepasste Mörtelfugen und zahlreiche Steine mit angegriffener Oberfläche wurden ausgetauscht. Außerdem wurden mehr als 100 Fensterbänke, Brüstungen, Gesimse und Mauerzwickel mit Bleischürzen zum Witterungsschutz versehen. Im Innern wurde erstmals seit der Reparatur von Kriegsschäden wieder das Mauerwerk freigelegt. Dies erlaubte das Verpressen von Hohlräumen zur statischen Sicherung sowie eine baugeschichtliche Untersuchung und Vermessung der Steinlagen.

Nach Abnahme des Putzes kamen im Kreuzgratgewölbe der südlichen Seitenkapelle Holzreste zum Vorschein. Diese konnten vom LVR-Amt für Denkmalpflege im Rheinland auf das 10. Jahrhundert datiert werden. Damit entsteht ein wichtiger Hinweis auf eine Datierung des Westbaus bereits vor dem Jahr 1000.

Markanteste Neuerung im Innenraum ist die Gestaltung der Stein-Arkadenbögen (Abb. 6). Während bisher durch weißen Verputz und Anstrich eine ideal-halbrunde Abschlusskante erzeugt wurde, folgt nun der cremeweiße Putz den Steinrändern, was den rustikalen Charakter des Bauwerks betont. Für die nördliche Seitenkapelle – derzeit Standort des Sarkophags der Kaiserin Theophanu – ist eine künstlerische Neugestaltung geplant. (ML)

St. Ursula

Einem Ende entgegen

Im Frühjahr 2021 wurden die Restaurierungsarbeiten in der Goldenen Kammer wieder aufgenommen. Anhand der noch ausgebauten Teile sowie derjenigen, die bislang in St. Ursula zwischengelagert wurden, konnten die beiden Restauratorinnen Linda Schäfer und Dorothee Fobes ein umfassendes Gesamtkonzept entwickeln. Auf dessen Basis soll, beginnend mit der Nordwand, sukzessive das vergoldete Schleierwerk fertiggestellt und wieder eingebaut werden (Abb. 7). Zu Beginn des Jahres 2022 folgte die Auftragsvergabe an die beiden Restauratorinnen aus Poll. Sie werden unterstützt durch die Restauratorin Ulrike Reichert für die Reliquienschädel und deren textile Hüllen und den Holzrestaurator Karl-Heinz Kreuzberg, der vor allem die Sockel für die Reliquienbüsten restauriert und rekonstruiert. Weitere Unterstützung leisten die Mitarbeitenden der Domglaswerkstatt, die die Rekonstruktion der historischen Verglasung vornehmen, und die Metallrestauratorinnen des Hohen Doms, die bei der Remontage der gereinigten Silbermasken an den barocken Reliquienbüsten helfen werden. Begleitet werden die Maßnahmen von einem Klimamonitoring und einer Putzsanierung im Bereich unterhalb des Schrankwerkes. Die Gesamtmaßnahme umfasst fünf Bauabschnitte. Die Arbeiten am Schrankwerk sollen planmäßig bis Ende 2025 fertiggestellt sein, anschließend folgt in einem letzten Abschnitt die Konservierung und Restaurierung der mittelalterlichen und barocken Reliquienbüsten. (AP)

Ein strahlendes Lächeln

Am 21. Oktober 2021 wurde pünktlich zum Festtag der hl. Ursula das aufwendig restaurierte Grabmal der Heiligen in ihrer Patronatskirche präsentiert. Jahrzehntealter Schmutz hatte sich auf dem Grabmonument aus dem Jahr 1659 abgesetzt und die Liegefigur in einen grauen Schleier gekleidet. Nach dem Abbau der während des Zweiten Weltkrieges errichteten Schutzvermauerung im Jahr 1951 war die letzte Restaurierung des Grabmals erfolgt. Die gealterten Retuschen und das gräuliche Erscheinungsbild machten nun eine Reinigung notwendig. Durchgeführt wurde die Maßnahme zwischen August und Oktober 2021 von den Restauratorinnen Susanne Brinkmann und Christina Verbeek aus dem Atelier für Restaurierung und Konservierung in Köln-Riehl. Die großzügige Finanzierung erfolgte durch die Kastanienhof-Stiftung aus Köln.

Abb. 5 (linke Seite oben): Köln, St. Pantaleon, Westbau (Foto: Martin Lehrer, Köln)

Abb. 6 (linke Seite unten): Köln, St. Pantaleon, Südwestempore (Foto: Martin Lehrer, Köln)

Abb. 7: Restaurierungsarbeiten am Schleierwerk der Goldenen Kammer, 2022 (Foto: Volker Adolf, Köln)

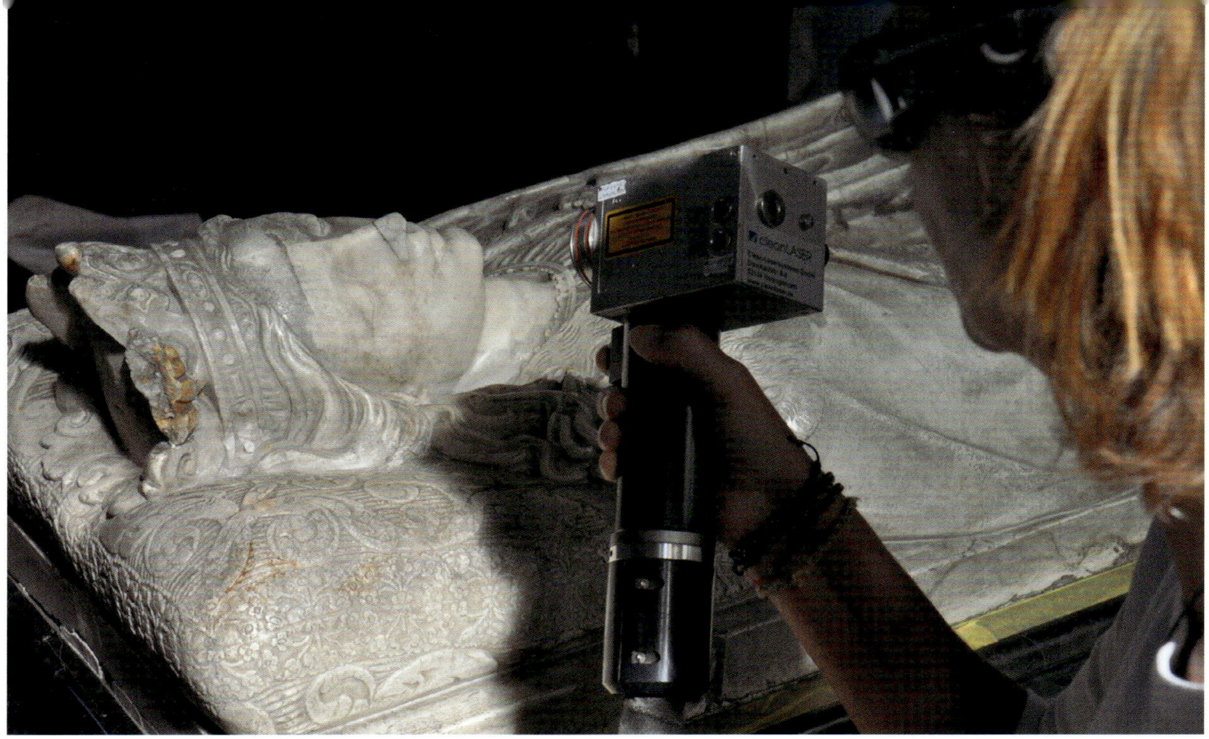

Im Rahmen der Restaurierung wurde die helle, fast transluzide Oberfläche aus Alabaster durch das Einsetzen von moderner Lasertechnik gereinigt (Abb. 8). Hier bewährte sich ein von den Restauratorinnen und dem Hersteller des Lasers entwickeltes Verfahren, das die empfindliche und besonders poröse Oberflächenstruktur von Alabaster mithilfe des Lasers berührungslos reinigte. Im Anschluss wurden alte Kittungen ausgetauscht, Retuschen ergänzt und der Unterbau aus schwarzem Lahn-Marmor manuell gereinigt und aufpoliert. Nach der Entfernung des grauen Schmutzschleiers ist nun wieder ein Lächeln auf dem Gesicht der sanft entschlafenen Heiligen zu erkennen. (MG)

Allgemein

Bergkristall im Blick

Vom 15. bis 17. September 2021 veranstaltete das Museum Schnütgen in Kooperation mit der Universität Köln die internationale Fachtagung „Bergkristall", die einen umfassenden Blick auf das vielseitige Material und seine künstlerische Inszenierung von der Antike bis ins Spätmittelalter richtete. Die thematisch breit gefächerten Beiträge beleuchteten verschiedene kunsthistorische Aspekte rund um das Thema Bergkristall, ergänzt durch Perspektiven aus anderen Bereichen wie der Mineralogie, Philologie und Optik. Ein besonderes Augenmerk galt Bergkristallarbeiten aus Kirchen und Museumssammlungen in Köln, wo archäologische Grabungen in jüngerer Zeit die Reste einer im 12. Jahrhundert im Dombezirk tätigen Bergkristallschleiferei aufdeckten, die den Status der rheinischen Metropole als eines der wichtigsten Zentren der Bergkristallbearbeitung im Mittelalter belegen. Die Ergebnisse der Tagung fließen in die Publikation „Magie Bergkristall" ein, die die große Sonderausstellung mit demselben Titel im Museum Schnütgen (Laufzeit 25.11.2022–19.3.2023) begleiten wird. (AS)

Abb. 8: Grabmal der hl. Ursula, Reinigungsarbeiten mit Lasertechnik, 2021. Köln, St. Ursula, nördl. Querhaus (Foto: afr, Brinkmann & Verbeek, Köln)

AP: Anna Pawlik, Erzdiözesankonservatorin
AS: Adam Stead, Museum Schnütgen
GOD: Gabriele Oepen-Domschky, Förderverein Romanische Kirchen Köln e. V.
KB: Klaus Gereon Beuckers, Kunsthistorisches Institut der Universität Kiel
MG: Miriam Guth, Erzbistum Köln
ML: Martin Lehrer, Denkmaldienste Köln

Nachruf

Domgoldschmied Peter Bolg
Bereits als 15-Jähriger kam der gebürtige Kölner Peter Bolg in engen Kontakt mit höchstrangigen mittelalterlichen Goldschmiedeobjekten: Als Lehrling von Fritz Zehgruber konnte er bei der umfassenden Restaurierung des Dreikönigenschreins (1961–1973) historische Goldschmiedeobjekte in allen – auch inzwischen längst nicht mehr verbreiteten – Techniken wie Braunfirnis oder Treibarbeiten untersuchen, restaurieren und selber nachschaffen. Ab 1970 betreute Bolg als Gold- und Silberschmied bis zu seiner Pensionierung 2001 die Goldschmiedewerkstatt des Kölner Doms, wo er u. a. die 1975 entwendete und zerstörte Schweling-Monstranz in höchster Kunstfertigkeit rekonstruierte.

Seine herausragenden Fachkenntnisse und sein außerordentliches Können führten bald dazu, dass er neben seinen Arbeiten für den Kölner Dom auch mit anderen hochrangigen Restaurierungsaufträgen betraut wurde, etwa an der Thronenden Madonna von Franz Xaver Hellner in St. Maria in der Kupfergasse in Köln, vor allem aber am Aachener Karlsschrein, am Viktorschrein in Xanten (ab 2013) und in Münster, Essen, Berlin und Hildesheim.

Von 1982 bis 2015 stand Bolg der Beraterkommission zur Sicherung und Konservierung der Reliquienschreine im Erzbistum Köln zur Seite. In dieser Funktion oblag ihm auch die Restaurierung der großen Reliquienschreine, etwa die des Heribertschreins in Köln-Deutz, des Honoratus- (1994–1998) und des Annoschreins in Siegburg (ab 1999). Die 1989 bis 1993 durchgeführte Restaurierung des Heribertschreins unter Abnahme aller Beschlagteile ermöglichte nicht nur eine solide Bestandssicherung, sondern auch eine detaillierte Untersuchung dieses Hauptwerks der mittelalterlichen Kunstgeschichte in enger Kooperation mit weiteren Fachkollegen. Auch auf Grundlage dieser Erfahrungen wurde Peter Bolg zu zahlreichen internationalen Restaurierungs- und Forschungsvorhaben hinzugezogen.

Peter Bolg hat die Kölner und insgesamt die mittelalterliche Goldschmiedekonservierung mit seinen ungewöhnlich fundierten Kenntnissen, mit seinem verlässlichen Einsatz und seinem offenen, zugewandten Charakter auf lange Zeit geprägt. Am 14.12.2020 ist Peter Bolg (geb. 1.4.1938) verstorben.

Dorothee Kemper

Abb. 9: Peter Bolg, 1938–2020 (Foto: Robert Boecker, Bergheim)

Literatur

Adler 1869
Friedrich Adler: Mittelalterliche Backstein-Bauwerke des preußischen Staates. Die Mark Brandenburg, Berlin 1869.

Appel 1960
Heinrich Appel: Die Vesperbilder aus Heimbach und Drove, in: Jahrbuch der Rheinischen Denkmalpflege 23 (1960), S. 259–279.

Bader 1937
Walter Bader: Die Benediktinerabtei Brauweiler bei Köln. Untersuchungen zu ihrer Baugeschichte nach dem hinterlassenen Manuskript von Erika Huyssen, Berlin 1937.

Bader 1955
Walter Bader: St. Quirinus zu Neuss. Mit einem Beitrag von Walter Schorn, Aufnahmen der Landesbildstelle, O. Drese und Bauaufnahmen von Martin Graßnick, Düsseldorf 1955.

Bader 1956
Walter Bader: Zur Denkmalpflege in Nordrheinland, in: Jahrbuch der Rheinischen Denkmalpflege 20 (1956), S. 13–38.

Bastemeijer 1999
Aad Bastemeijer: De dertiende-eeuwse bouwfase van de Sint-Walburgiskerk in Zutphen, in: De Sint-Walburgiskerk in Zutphen. Monument uit de geschiedenis van en middeleeuwse kerk, hg. von M. Groothedde u. a., Zutphen 1999, S. 64–91.

Bender 1951
Paul Bender: Zerstörte und wiederaufgebaute Kirchen in Köln. Vorbildliche Beispiele der kirchlichen Denkmalpflege, in: Das Münster 4 (1951), S. 197–207.

Berger 2011
Daniel Berger: Stift und Pfründe. Die Ausbildung der Kanonikerpräbende im Erzbistum Köln bis 1300, Siegburg 2011.

Bergmann 1989
Ulrike Bergmann: Die Holzskulpturen des Mittelalters (1000–1400), Bestandskatalog Museum Schnütgen, Köln 1989.

Bergmann 1992
Ulrike Bergmann: Die gotischen Reliquienbüsten in St. Kunibert, in: Colonia Romanica VII (1992), S. 131–146.

Bergmann 1995
Ulrike Bergmann: St. Johann Baptist, in: Colonia Romanica X (1995), S. 189–195.

Bergmann 1996
Ulrike Bergmann: Die Goldene Kammer in St. Ursula, in: Colonia Romanica XI (1996), S. 225–231.

Bergmann 2014
Ulrike Bergmann: Die Chorpfeilerfiguren des Kölner Doms. Neue Indizien in einem alten Fall der Kunstgeschichte, in: WRJb 75 (2014), S. 7–36.

Bergmann/Lauer 1984
Ulrike Bergmann/Rolf Lauer: Die Domplastik und die Kölner Skulptur, in: Kat. Köln 1984, S. 37–43.

Bergmann/von Plehwe-Leisen 2019
Ulrike Bergmann/Esther von Plehwe-Leisen: Das Recycling römischen Kalksteins aus Lothringen in der Kölner Bildhauerkunst des Mittelalters, in: GiK 66 (2019), S. 7–64.

Berke 1989
Hubert Berke: Funde aus einer römischen Leimsiederei in Köln, in: KölnJb 22 (1989), S. 879–892.

Beseler 1956
Hartwig Beseler: Der Wiederaufbau der Kölner Kirchen (Stand: 1. Juli 1953), in: Jahrbuch der Rheinischen Denkmalpflege 20 (1956), S. 225–263.

Beuckers 1998
Klaus Gereon Beuckers: Köln: Die Kirchen in gotischer Zeit. Zur spätmittelalterlichen Sakralbautätigkeit an den Kloster-, Stifts- und Pfarrkirchen in Köln, Köln 1998.

Beuckers 2017
Klaus Gereon Beuckers: Die spätstaufische Langhauswölbung von St. Maria im Kapitol in Köln, in: Zugänge zu Archäologie, Bauforschung und Kunstgeschichte – nicht nur in Westfalen. Festschrift für Uwe Lobbedey zum 80. Geburtstag, hg. von Mareike Liedmann/Verena Smit, Regensburg 2017, S. 207–220.

Bock 1858
Franz Bock: Das heilige Köln. Beschreibung der mittelalterlichen Kunstschätze in seinen Kirchen und Sakristeien aus dem Bereiche der Goldschmiedegewerbe und der Paramentik, Leipzig 1858.

von Boeselager 1987
Dela von Boeselager: Köln. Wohnviertel (Bauausstattung): Mosaiken, in: Horn 1987, S. 475–478.

Böhme 1974
Horst Wolfgang Böhme: Germanische Grabfunde des 4. bis 5. Jahrhunderts zwischen Elbe und Loire. Studien zur Chronologie und Bevölkerungsgeschichte, München 1974.

Böker 1988
Hans Josef Böker: Die mittelalterliche Backsteinarchitektur Norddeutschlands, Darmstadt 1988.

Bordeaux 1969
Michèle Bordeaux: Aspects économiques de la vie de l'église aux XIVe et XVe siècles, Paris 1969.

Borger 1979
Hugo Borger: Die Abbilder des Himmels in Köln. Kölner Kirchenbauten als Quelle zur Siedlungsgeschichte des Mittelalters, Bd. 1, Köln 1979.

Broicher 1995
Jean-Bruno Broicher: Hl. Kreuz, in: Colonia Romanica X (1995), S. 256–268.

Busley 1926
Joseph Busley: Die Dreikonchenanlagen von St. Aposteln und Gross-Sankt-Martin in Köln, in: Festschrift zum sechzigsten Geburtstag von Paul Clemen, 31. Oktober 1926, hg. von Wilhelm Worringer/Heribert Reiners/Leopold Seligmann, Bonn 1926, S. 285–303.

Carroll-Spillecke 1993
Maureen Carroll-Spillecke: Ein römisches Wohnhaus im Westen der CCAA (Köln), in: Archäologie in Deutschland 2 (1993), S. 49–50.

Carroll-Spillecke 1996
Maureen Carroll-Spillecke: Die Ausgrabungen im römischen Suburbium in der Jahnstraße in Köln, in: KölnJb 29 (1996), S. 563–578.

Carroll-Spillecke 1997a
Maureen Carroll-Spillecke: An early bath house in the suburbs of Roman Cologne, in: Roman Archaeology 10 (1997), S. 263–270.

Carroll-Spillecke 1997b
Maureen Carroll-Spillecke: Ausgrabungen in einem römischen Wohnviertel in der Wolfsstraße/Richmodstraße, in: KölnJb 30 (1997), S. 415–431.

Cüppers 2004
Sebastian Cüppers (Hg.): Kölner Theologen. Von Rupert von Deutz bis Wilhelm Nyssen, Köln 2004.

Czymmek 2007
Sabine Czymmek: Die Kölner Romanischen Kirchen – Schatzkunst 1, in: Colonia Romanica XXII (2007).

Dehio Rheinland 2005
Georg Dehio: Handbuch der Deutschen Kunstdenkmäler: Nordrhein-Westfalen I: Rheinland, bearb. von Claudia Euskirchen u. a., München/Berlin 2005.

Dodt 2001
Michael Dodt: Römische Badeanlagen in Köln, in: KölnJb 34 (2001), S. 267–331.

Eck 2007
Werner Eck: Köln im Übergang von der Antike zum Mittelalter, in: GiK 54 (2007), S. 7–26.

Eimert 1979
Dorothea Eimert: St. Hubertus Köln-Flittard, München/Zürich 1979.

Euskirchen 2016
Marion Euskirchen: Germanen im Völkergemisch des römischen Köln, in: Der Heumarkt. Drunter und drüber, hg. von Mario Kramp/Marcus Trier, Köln 2016, S. 42–45.

Euskirchen/Kleuver/Schneider 2014
Marion Euskirchen/Stefan Kleuver/Beate Schneider: Römer Straßen Köln. Durch Raum und Zeit, Köln 2014.

Ewald/Rahtgens 1916
Wilhelm Ewald/Hugo Rahtgens (Bearb.): Die kirchlichen Denkmäler der Stadt Köln, Bd. 1: St. Alban – St. Andreas – Antoniterkirche – St. Aposteln – St. Cäcilia – St. Columba – St. Cunibert – Elendskirche – St. Georg (Die Kunstdenkmäler der Rheinprovinz 6,4), Düsseldorf 1916.

Ewig 2007
Eugen Ewig: Die Franken und Rom (3.–5. Jahrhundert). Versuch einer Übersicht, in: RhVJbll 71 (2007), S. 1–42.

Fabian 2004
Gunther Fabian: Die Kreuzigungsgruppe, in: Die Kapelle Klein-Jerusalem bei Willich-Neersen, hg. von Gisbert Knopp, Worms 2004, S. 76–99.

Fliedner 1951
Siegfried Fliedner: Zur Baugeschichte des Nordseitenschiffes des Bremer Doms, in: Bremisches Jahrbuch A 43 (1951), S. 325–341.

Follmann-Schulz 1992
Anna-Barbara Follmann-Schulz: Römische und einheimische Tempel in Niedergermanien, in: Die römische Stadt im 2. Jahrhundert n. Chr. Der Funktionswandel des öffentlichen Raumes, hg. von Hans-Joachim Schalles/Henner von Hesberg/Paul Zänker, Köln 1992, S. 243–256.

Frank 2016
Klaus Frank: Zum Problem der Wahrnehmung rhein-weser-germanischer Grabausstattungen am Beispiel des Gräberfelds von Rheindorf, in: Archäologie zwischen Römern und Barbaren. Zur Datierung und Verbreitung römischer Metallarbeiten des 2. und 3. Jahrhunderts n. Chr. im Reich und im Barbaricum, Teil 1, hg. von Hans-Ulrich Voß/Nils Müller-Scheeßel, Bonn 2016, S. 361–378.

Fraquelli 2010
Sybille Fraquelli: Die romanischen Kirchen im Historismus, in: Colonia Romanica XXV (2010).

Fremersdorf 1950
Fritz Fremersdorf: Neue Beiträge zur Topographie des römischen Köln, Berlin 1950.

Gall 1915
Ernst Gall: Die niederrheinischen Apsidengliederungen nach normännischem Vorbilde, Studien über das Verhältnis der niederrheinischen und französischen Architektur in der ersten Hälfte des XIII. Jahrhunderts, Teil 1, Diss. Berlin 1915.

Galsterer/Galsterer 2010
Brigitte Galsterer/Helmut Galsterer: Die römischen Steininschriften aus Köln. IKöln[2], Mainz 2010.

Gechter 1983
Marianne Gechter: Kirche und Klerus in der stadtkölnischen Wirtschaft im Spätmittelalter, Wiesbaden 1983.

Geis 1991
Walter Geis: Der Lettner in St. Pantaleon, in: Colonia Romanica VI (1991), S. 80–100.

Germania Sacra 1994
Die Germania Sacra – Grundlagenforschung für Mittelalter und Frühe Neuzeit, in: 40. Historikertag in Leipzig, Skriptenheft I, Leipzig 1994, S. 45–55.

Gesellschaft für christliche Kultur 1948
Gesellschaft für christliche Kultur (Hg.): Kirchen in Trümmern. Zwölf Vorträge zum Thema: Was wird aus den Kölner Kirchen, Köln 1948.

Glaser 2001
Rüdiger Glaser: Klimageschichte Mitteleuropas. 1000 Jahre Wetter, Klima, Katastrophen, Darmstadt 2001.

Glasner 2002
Peter Glasner: Die Lesbarkeit der Stadt. Lexikon der mittelalterlichen Straßennamen Kölns, Köln 2002.

Gottfried 1991
Hermann Gottfried: Unqualifiziert. St. Aposteln: Gottfried weist Kritik zurück, in: Kirchenzeitung für das Erzbistum Köln 41 (1991), S. 13.

Grimme 1977
Ernst Günther Grimme: Suermondt-Ludwig-Museum Aachen. Europäische Bildwerke vom Mittelalter zum Barock, Köln 1977.

Hamann 1929
Richard Hamann: Die Elisabethkirche zu Marburg und ihre künstlerische Nachfolge, Bd. 2: Die Plastik, Marburg 1929.

Hegel 1979
Eduard Hegel: Das Erzbistum Köln zwischen Barock und Aufklärung. Vom Pfälzischen Krieg bis zum Ende der Französischen Zeit (1688–1814), Köln 1979.

Hellenkemper 1975
Hansgerd Hellenkemper: Architektur als Beitrag zur Geschichte der Colonia Ara Agrippinensium, in: ANRW II.4 (1975), S. 783–824.

Hellenkemper-Salies 1983
Gisela Hellenkemper-Salies: Ein Bodenmosaik aus einer villa suburbana, in: Ausgrabungen im Rheinland 81/82 (1983), S. 265–267.

Hofmann 1985
Friedhelm Hofmann: Wiedererstandene Romanische Kirchen in Köln und ihr theologisch-liturgischer Sinn, München/Zürich 1985.

Hofmann 1990
Friedhelm Hofmann: Zur Situation des zeitgenössischen christlichen Künstlers am Beispiel Hermann Gottfried, in: Das Münster 43 (1990), S. 1–9.

Höpken 1998
Constanze Höpken: Zu zwei römischen Glasöfen in Köln: Die Fundstellen Waidmarkt 18 und Helenenstraße/St. Apernstraße, in: KölnJb 31 (1998), S. 427–443.

Hopp 2020a
Cornelius Hopp: St. Quirin in Neuss und die kölnisch-niederrheinische Baukunst im späten 12. und frühen 13. Jahrhundert, Diss. Kiel 2020 (Druck in Vorbereitung).

Hopp 2020b
Cornelius Hopp: Architektur als Zitat? Der Bau des Etagenchores von St. Gereon zur Mitte des 12. Jahrhunderts, in: Colonia Romanica XXXIV (2020), S. 44–63.

Hopp 2022
Cornelius Hopp: Überlegungen zur Einwölbung von Unser Lieben Frauen in Magdeburg im frühen 13. Jahrhundert – der Wandaufriss im Verhältnis zu St. Aposteln in Köln, in: Kloster Unser Lieben Frauen Magdeburg. Die Architektur des 11. bis 13. Jahrhunderts, hg. von Annegret Laabs/Leonhard Helten, Halle 2022, S. 114–151.

Horn 1987
Heinz Günter Horn (Hg.): Die Römer in Nordrhein-Westfalen, Stuttgart 1987.

Huiskes 1996
Manfred Huiskes: Bier in Köln vor 1800, in: Kat. Köln 1996, S. 43–72.

Irsigler 1975
Franz Irsigler: Getreide- und Brotpreise, Brotgewicht und Getreideverbrauch in Köln vom Spätmittelalter bis zum Ende des Ancien Régime, in: Zwei Jahrtausende Kölner Wirtschaft, Bd. 1: Von den Anfängen bis zum Ende des 17. Jahrhunderts, hg. von Hermann Kellenbenz unter Mitarbeit von Klara von Eyll, Köln 1975, S. 519–537.

Kaelble 1981
Brigitte Kaelble: Untersuchungen zur großfigurigen Plastik des Samsonmeisters, Düsseldorf 1981.

Kaiser 2001/02
Jürgen Kaiser: St. Aposteln. Kirche des Kanonikerstifts, zugleich Pfarrkirche (seit 1802 Pfarrkirche), in: Colonia Romanica XVI/XVII (2001/02), S. 104–118.

Kammerer 2015
Tobias Kammerer: Zeitgemäße Deckenfassungen für Sakralbauten, Lindenberg im Allgäu 2015.

Karrenbrock 1999
Reinhard Karrenbrock: Anna und Maria – in Zwiesprache vereint. Ein Hauptwerk kölnischer Bildhauerkunst der Zeit um 1480, in: Die kölnische Annengruppe, bearb. von Hiltrud Westermann-Angerhausen, Köln 1999, S. 5–41.

Karrenbrock 2001a
Reinhard Karrenbrock: Museum Schnütgen. Die Holzskulpturen des Mittelalters (1400–1540), Teil II,1: Köln, Westfalen, Norddeutschland, Köln 2001.

Karrenbrock 2001b
Reinhard Karrenbrock: Kölner Bildschnitzerwerkstätten des späten Mittelalters (1400–1540), in: Karrenbrock 2001a, S. 9–80.

Karrenbrock 2001c
Reinhard Karrenbrock: Bildschnitzer und Bildhauer im spätmittelalterlichen Köln. Archivalische Quellen, historische Befunde und Fragestellungen, in: Karrenbrock 2001a, S. 121–136.

Kat. Dortmund 2006
Ferne Welten, Freie Stadt. Dortmund im Mittelalter, Ausst. Kat. Museum für Kunst und Kulturgeschichte Dortmund, hg. von Matthias Ohm/Thomas Schilp/Barbara Welzel, Bielefeld 2006.

Kat. Köln 1972/73
Rhein und Maas. Kunst und Kultur 800–1400, Ausst. Kat. Museum Schnütgen Köln, hg. von Anton Legner, 2 Bde., Köln 1972/73.

Kat. Köln 1984
Verschwundenes Inventarium. Der Skulpturenfund im Kölner Domchor, Ausst. Kat. Museum Schnütgen Köln, hg. von Anton Legner, Köln 1984.

Kat. Köln 1996
Zeugen Kölner Brau-Kultur 1396–1996, Ausst. Kat. Historisches Archiv der Stadt Köln, Köln 1996.

Kat. Linnich 2004
Hermann Gottfried. Andere Welten, Ausst. Kat. Deutsches Glasmalerei-Museum Linnich, hg. von Iris Nestler, Bönen 2004.

Kehnel 2007
Annette Kehnel: Heilige Ökonomie. Ansätze zu einer systematisch vergleichenden Erforschung der Wirtschaftsorganisation mittelalterlicher Klöster und Orden, in: Mittelalterliche Orden und Klöster im Vergleich. Methodische Ansätze und Perspektiven, hg. von Gert Melville/Anne Müller, Berlin 2007.

Keussen 1910
Hermann Keussen: Topographie der Stadt Köln im Mittelalter, 2 Bde., Bonn 1910.

Kier 2004
Hiltrud Kier: Zur Ausmalung von St. Aposteln durch Hermann Gottfried, in: Kat. Linnich 2004, S. 31–37.

Kier/Chibidziura 2004
Hiltrud Kier/Ute Chibidziura: Romanische Kirchen in Köln und ihr historisches Umfeld, Köln 2004.

Kier/Krings 1984
Hiltrud Kier/Ulrich Krings (Hg.): Köln: Die Romanischen Kirchen. Von den Anfängen bis zum Zweiten Weltkrieg, Köln 1984.

Kier/Krings 1986
Hiltrud Kier/Ulrich Krings (Hg.): Köln. Die Romanischen Kirchen in der Diskussion 1946/47 und 1985, Köln 1986.

Kleffner 2008
Marion Kleffner: Die historistische Innenausstattung von St. Aposteln in Köln, München 2008.

Klinkenberg 1906
Joseph Klinkenberg (Bearb.): Die Kunstdenkmäler der Stadt Köln 1.2. Das römische Köln, Düsseldorf 1906.

König 1934
Arno König: Die mittelalterliche Baugeschichte des Bremer Domes, Bremen 1934.

Kosch 1996
Clemens Kosch: Groß St. Martin, in: Colonia Romanica XI (1996), S. 131–142.

Kosch 2000
Clemens Kosch: Kölns Romanische Kirchen. Architektur und Liturgie im Hochmittelalter, Regensburg 2000.

Kotzur 1985
Hans-Jürgen Kotzur: Neue Erkenntnisse zur Baugeschichte des Limburger Domes, in: Almanach 85 (1985), S. 24–28.

Kotzur 1993
Hans-Jürgen Kotzur (Hg.): Hochgotischer Dialog. Die Skulpturen der Hochaltäre von Marienstatt und Oberwesel im Vergleich, Worms 1993.

Krings 2021
Ulrich Krings: Farbenrausch und Gewitterstürme, in: Romanik und Porträt. 40 Jahre Förderverein Romanische Kirchen Köln e.V., hg. von Förderverein Romanische Kirchen Köln e.V., Köln 2021, S. 106–111.

Krings/Schwab 2007
Ulrich Krings/Otmar Schwab: Köln: Die romanischen Kirchen. Zerstörung und Wiederherstellung, Köln 2007.

Kubach 1950
Hans Erich Kubach: Über den Stand der Wiederherstellung der Kölner Baudenkmäler, in: Kunstchronik 3 (1950), S. 181–186.

Kubach 1979
Hans Erich Kubach: Über den Stand der Wiederherstellung der Kölner Baudenkmäler, in: Kunstchronik 32 (1979), S. 405–415.

Kubach/Verbeek 1976/89
Hans Erich Kubach/Albert Verbeek: Romanische Baukunst an Rhein und Maas. Katalog der vorromanischen und romanischen Denkmäler, 4 Bde., Berlin 1976/89.

Kugler 1854
Franz Kugler: Kleine Schriften und Studien zur Kunstgeschichte, Bd. 2, Stuttgart 1854.

Kunst 2002
Hans-Joachim Kunst: Die Stiftskirche St. Viktor in Xanten und die Bischofsarchitektur in Köln, Trier, Bremen und Magdeburg, in: Re-Visionen. Zur Aktualität von Kunstgeschichte, hg. von Barbara Mikuda-Hüttel/Richard Hüttel/Jeanette Kohl, Berlin 2002.

Künstler-Brandstätter 1996
Karen Künstler-Brandstätter: St. Ursula, in: Colonia Romanica XI (1996), S. 208–224.

Küppers 1976
Leonard Küppers: Die Grablegung im Essener Münster, Recklinghausen 1976.

La Baume 1958
Peter La Baume: Frührömische Töpferöfen aus der Lungengasse, in: KölnJb 3 (1958), S. 26–54.

von Lassaulx 1835
Johann Claudius von Lassaulx: Architektonisch-historische Berichtigungen und Zusätze [über die Bauwerke am Rhein], in: J. A. Klein: Rheinreise von Straßburg bis Rotterdam, Koblenz o. J. [1835], S. 439–503.

Legner 1973
Anton Legner: Anmerkungen zu einer Chronologie der gotischen Skulptur des 13. und 14. Jahrhunderts im Rhein-Maas-Gebiet, in: Kat. Köln 1972/73, Bd. 2, S. 445–456.

Lobbedey 1989
Uwe Lobbedey: Der spätromanische Westbau des Domes zu Münster, in: Westfalen 67 (1989), S. 1–21.

Lobbedey/Scholz/Vestring-Buchholz 1993
Uwe Lobbedey/Herbert Scholz/Sigrid Vestring-Buchholz: Der Dom zu Münster 793 – 1945 – 1993, Bd. 1: Der Bau, mit Beiträgen von Christiane Kettelhack u. a., Bonn 1993.

von Looz-Corswarem 1978
Clemens von Looz-Corswarem: Das Finanzwesen der Stadt Köln im 18. Jahrhundert, Köln 1978.

Machat 1989
Christoph Machat: Die Neuausmalung der Dreikonchenanlage in St. Aposteln, in: Denkmalpflege im Rheinland 6 (1989), S. 14–18.

Mann 1962
Albrecht Mann: St. Aposteln in Köln, in: JKGV 36/37 (1962), S. 1–72.

Maué 1975
Hermann Maué: Rheinisch-staufische Bauformen und Bauornamentik in der Architektur Westfalens, Köln 1975.

Meyer-Barkhausen 1952
Werner Meyer-Barkhausen: Das große Jahrhundert Kölnischer Kirchenbaukunst 1150–1250, Köln 1952.

Münzenberger/Beissel 1905
Ernst Franz August Münzenberger/Stephan Beissel: Zur Kenntnis und Würdigung der mittelalterlichen Altäre Deutschlands. Ein Beitrag zur Geschichte der vaterländischen Kunst, Bd. 2, Frankfurt am Main 1905.

Nestler 2004
Iris Nestler: Trotzdem figürlich. Hermann Gottfrieds religiöse Glas- und Wandmalerei im Abstraktionskonflikt ihrer Zeit, in: Kat. Linnich 2004, S. 13–23.

Nestler 2015a
Iris Nestler: Nachruf auf Hermann Gottfried, in: Das Münster 68 (2015), S. 244.

Nestler 2015b
Iris Nestler: Wand- und Deckenmalerei gestern und heute. Die Werke des Künstlers Tobias Kammerer im Zusammenhang, in: Kammerer 2015, S. 188–213.

Nicolai 1990
Bernd Nicolai: „Libido aedificando“: Walkenried und die monumentale Kirchenbaukunst der Zisterzienser um 1200, Braunschweig 1990.

Odenthal 1994
Andreas Odenthal: Der älteste Liber ordinarius der Stiftskirche St. Aposteln in Köln. Untersuchungen zur Liturgie eines mittelalterlichen kölnischen Stifts, Siegburg 1994.

Odenthal 2004
Andreas Odenthal: Theodor Schnitzler, in: Cüppers 2004, S. 476–491.

Oediger 1954/61
Friedrich Wilhelm Oediger: Die Regesten der Erzbischöfe von Köln im Mittelalter, Bd. 1: 313–1099, Bonn 1954/61.

von der Osten 1957
Gerd von der Osten: Katalog der Bildwerke in der Niedersächsischen Landesgalerie Hannover, München 1957.

Overdick 1997
Michael Overdick: Die Bauskulptur des Westbaus von St. Georg in Köln, Magisterarbeit Düsseldorf 1997 (unveröffentlicht).

Overdick 1999
Michael Overdick: Das Langhaus von St. Aposteln und die rheinische Rippenwölbung, in: Colonia Romanica XIV (1999), S. 41–52.

Overdick 2005
Michael Overdick: Das Architektursystem der rheinischen Spätromanik, Worms 2005.

Peters 1996
Elisabeth Peters: Kirchliche Wandmalerei im Rheinland 1920–1940, Rheinbach 1996.

Pfister 2001
Christian Pfister: Klimawandel in der Geschichte Europas, in: Österreichische Zeitschrift für Geschichtswissenschaften 12/2 (2001), S. 7–43.

Poeschke/Syndikus/Weigel 1993
Joachim Poeschke/Candida Syndikus/Thomas Weigel: Mittelalterliche Kirchen in Münster, München 1993.

Rahtgens 1913
Hugo Rahtgens: S. Maria im Kapitol zu Köln, Düsseldorf 1913.

Rahtgens/Roth 1929
Hugo Rahtgens/Hermann Roth (Bearb.): Die kirchlichen Denkmäler der Stadt Köln, Bd. 3: Minoritenkirche – S. Pantaleon – S. Peter – S. Severin (Die Kunstdenkmäler der Stadt Köln 2.2), Düsseldorf 1929.

Recker 1995
Margret Recker: Walter Recker 1908–1988, Kreuzau 1995.

Reinicke 1989
Christian Reinicke: Agrarkonjunktur und technisch-organisatorische Innovationen auf dem Agrarsektor im Spiegel niederrheinischer Pachtverträge 1200–1600, Köln/Wien 1989.

Renard 1907
Edmund Renard: Köln, Leipzig 1907.

Riemer 2006
Ellen Riemer: Merowingerzeitliche Funde im Stadtgebiet von Köln, in: KölnJb 39 (2006), S. 253–455.

Rosen 1995
Wolfgang Rosen: Die Euregio Sacra – neue Bausteine zu ihrer Geschichte, in: GiK 37 (1995), S. 27–70.

Rosen 2000
Wolfgang Rosen: Rat, Bürger und geistliche Institutionen. Zur Amortisationsgesetzgebung im frühneuzeitlichen Köln, in: Köln als Kommunikationszentrum. Studien zur frühneuzeitlichen Stadtgeschichte, hg. von Georg Mölich/Gerd Schwerhoff, Köln 2000, S. 287–320.

Rosen 2016
Wolfgang Rosen: Die Ökonomie des Kölner Stiftes St. Aposteln. Strukturen und Entwicklungen vom Mittelalter bis 1802, Köln/Weimar/Wien 2016.

Rosenau 1931
Helen Rosenau: Zur mittelalterlichen Baugeschichte des Bremer Doms, in: Bremisches Jahrbuch 33 (1931), S. 1–36.

Rüenauver 1990
Josef Rüenauver: Zum Werk Hermann Gottfrieds in der Kirche St. Aposteln, in: Das Münster 43 (1990), S. 10.

Runde 2003
Ingo Runde: Xanten im frühen und hohen Mittelalter. Sagentradition – Stiftsgeschichte – Stadtwerdung, Köln/Weimar/Wien 2003.

Schaefer 1970
Leo Schaefer: Der Westchor von St. Aposteln in Köln, in: Festschrift Rudolf Wesenberg. Beiträge zur Rheinischen Kunstgeschichte und Denkmalpflege, hg. von Günther Borchers/Albert Verbeek, Düsseldorf 1970, S. 1–29.

Schäfer 2011
Alfred Schäfer: Ausgrabungen bei St. Aposteln. Ein Schnitt durch die Via Belgica, in: Funktionale Eloquenz: Das Kölner Amerika Haus und die Kulturinstitute der Vereinigten Staaten von Amerika in Deutschland, hg. von Sonja Schöttler, Worms 2011, S. 23–28.

Schäfer 2016
Alfred Schäfer: Militär baut eine Stadt. Die Stadtgründung des Augustus in der Kölner Bucht, in: Der Übergang vom Militärlager zur Zivilsiedlung. Akten des internationalen Symposiums vom 23.–25. Oktober 2014 in Innsbruck, hg. von Gerald Grabherr/Barbara Kainrath/Julia Kopf, Innsbruck 2016, S. 9–30.

Schäfer 1916
Karl Heinrich Schäfer: Kirche und Christentum in dem spätrömischen und frühmittelalterlichen Köln, in: AHVN 98 (1916), S. 29–136.

Schäfke 1984
Werner Schäfke: St. Aposteln. Vom spätstaufischen Ausbau bis zum Zweiten Weltkrieg, in: Kier/Krings 1984, S. 194–208.

Scheler 1992
Dieter Scheler: Herrenpfründen und Bauernpachten. Die Wirtschaftsführung des Stiftes Xanten im Spätmittelalter, Duisburg 1992.

Schiffler 1983
Rainer Schiffler: Gemeinde Kerken, mit historischen Texten von Gisbert Knopp, Berlin 1983.

Schliemann 2004
Anke Schliemann: Ausgewählte Fenstergestaltungen um 1960. Stilistik und theologisches Programm, in: Kat. Linnich 2004, S. 69–81.

Schmitt 2021
Fabian Schmitt: Ministeriale des Kölner Erzstifts im Hochmittelalter. Dienst, Herrschaft und soziale Mobilität, Köln 2021.

Schmitz 2021
Dirk Schmitz: Köln in der frühen Kaiserzeit – Von den Anfängen bis zur Gründung der Colonia. Kontroversen und neue Ergebnisse, in: Römerstädte am Rhein. Strategien archäologischer Erzählung, hg. von Henner von Hesberg/Jürgen Kunow/Thomas Otten, Regensburg 2021, S. 15–48.

Schnaase 1856
Carl Schnaase: Geschichte der bildenden Künste im Mittelalter, Bd. 3: Entstehung und Ausbildung des gothischen Styls, Düsseldorf 1856.

Schneider 2004
Michael Schneider: Wilhelm Nyssen, in: Cüppers 2004, S. 492–515.

Schorn/Verbeek 1940
Wilhelm Schorn/Albert Verbeek: Die Kirche St. Georg in Köln, Berlin 1940.

Schröder 1986
Ulrich Schröder: Die Rippengewölbe in Kölns romanischen Kirchen und die Frage ihrer Beziehung zu französischen Bauten, in: Kier/Krings 1986, S. 211–228.

Schultze/Steuernagel 1895
Rudolf Schultze/Carl Steuernagel: Colonia Agrippinensis. Ein Beitrag zur Ortskunde der Stadt Köln zur Römerzeit, in: Bonner Jahrbücher 98 (1895), S. 1–144.

Schultze/Steuernagel 1916
Rudolf Schultze/Carl Steuernagel: Neue Beiträge zu Colonia Agrippinensis, in: Bonner Jahrbücher 123 (1916), S. 1–14.

Schulz 2019
Knut Schulz: Karl von der Salzgasse (gestorben 1213/14). Kölner Ritterbürger und Abt des Zisterzienserklosters Villers-en-Brabant, in: Rheinische Lebensbilder 20 (2019), S. 7–27.

Schulze-Senger/Hansmann 2005
Christa Schulze-Senger/Wilfried Hansmann: Der Clarenaltar im Kölner Dom. Dokumentation der Untersuchung, Konservierung und Restaurierung, Worms 2005.

Schumacher 1914
Johannes Schumacher: Die Einführung und Entwicklung der gotischen Architektur in Köln und seinem

Bezirke, Teil 1: Übersicht über die Entwicklung der gotischen Bauformen bis zur Grundsteinlegung des Cölner Domes, Bonn 1914.

Schütz/Müller 1989
Bernhard Schütz/Wolfgang Müller: Deutsche Romanik. Die Kirchenbauten der Kaiser, Bischöfe und Klöster, Freiburg u. a. 1989.

Sebald 1993
Eduard Sebald: Der Oberweseler Goldaltar, in: Kotzur 1993, S. 59–90.

Spiegel 1994
Elisabeth Maria Spiegel: Die römische Westnekropole an der Aachener Straße in Köln. Ansätze zu einer Strukturanalyse, in: KölnJb 27 (1994), S. 595–609.

Stadtkonservator 1998
Der Stadtkonservator (Hg.): Köln: 85 Jahre Denkmalschutz und Denkmalpflege 1912–1997. Bd. 9.II: Texte von 1980–1997, Köln 1998.

Stead 2013a
Adam Stead: Rebuilding St. Kunibert: Artistic Integration, Patronage, and Institutional Identities in Thirteenth-Century Cologne, Diss. Toronto 2013.

Stead 2013b
Adam Stead: The Architectural Context of the Church of St. Kunibert in Cologne, in: architectura 43 (2013), S. 147–166.

Stein 1962
Rudolf Stein: Romanische, gotische und Renaissancebaukunst in Bremen, Bremen 1962.

Stracke 1984
Gottfried Stracke: St. Aposteln. Von den Anfängen bis zum spätstaufischen Ausbau um 1200, in: Kier/Krings 1984, S. 183–193.

Stracke 1990
Gottfried Stracke: Liturgie und Architekturausstattung in St. Aposteln zu Köln, in: Rheinische Heimatpflege 27/4 (1990), S. 247–253.

Stracke 1992
Gottfried Stracke: Köln: St. Aposteln, Köln 1992.

Stracke 1995
Gottfried Stracke: St. Aposteln, in: Colonia Romanica X (1995), S. 70–93.

Strange 1851
Caesarii Heisterbacensis monachi Ordinis Cisterciensis Dialogus Miraculorum, Bd. 2, bearb. von Joseph Strange, Köln 1851.

Thomas 1995
Renate Thomas: Das römische Peristylhaus in der Gertrudenstraße in Köln, Köln 1995.

Thomas 1999
Renate Thomas: Bodendenkmäler in Köln, in: KölnJb 32 (1999), S. 917–965.

Thümmler 1970
Hans Thümmler: Weserbaukunst im Mittelalter, Hameln 1970.

Urbanek 2010
Regina Urbanek: Die Goldene Kammer von St. Ursula in Köln. Zu Gestalt und Ausstattung vom Mittelalter bis zum Barock, Worms 2010.

von Urlichs 1844
Ludwig von Urlichs: Vasa Diatreta in Coeln, in: Bonner Jahrbücher 5/6 (1844), S. 377–382.

Verbeek 1936
Albert Verbeek: Romanische Westchorhallen an Maas und Rhein. Die Entwicklung einer Bauform in Lüttich, Maastricht und Xanten im späten 12. Jahrhundert und die Anfänge der rheinischen Zweischalen-Wandgliederung, in: WRJb 9 (1936), S. 59–87.

Verbeek 1984
Albert Verbeek: St. Georg, in: Kier/Krings 1984, S. 256–277.

Vogts 1954
Hans Vogts: Die Kölner Patriziergeschlechter des Mittelalters als Bauherren und Förderer der Kunst, in: AHVN 155/156 (1954), S. 501–525.

Vogts 1966
Hans Vogts: Das Kölner Wohnhaus bis zur Mitte des 19. Jahrhundert, 2 Bde., Neuss ²1966.

Werner 2001
Thomas Werner: Die Gliederungssysteme der frühstaufischen Chorfassaden im Rhein-Maas-Gebiet, Köln 2001.

Weyres 1948
Wilhelm Weyres: Der Westbau von St. Viktor in Xanten, Diss. Aachen 1948.

Weyres 1951
Willy Weyres: Die Wiederherstellung der Kirchen im Erzbistum Köln, in: Rheinische Kirchen im Wiederaufbau, hg. von Wilhelm Neuß, Mönchengladbach 1951, S. 11–17.

Wiedenau 1980
Anita Wiedenau: Form, Funktion und Bedeutung romanischer Wohnhäuser in Köln und im Rheinland, in: WRJb 41 (1980), S. 7–26.

Wilhelmy 1993
Winfried Wilhelmy: Der Marienstätter Altar, in: Kotzur 1993, S. 11–48.

von Winterfeld 1985
Dethard von Winterfeld: Zum Stande der Baugeschichtsforschung, in: Der Limburger Dom, hg. von Wolfram Nicol, Mainz 1985, S. 41–84.

Witte 1912
Fritz Witte: Die Skulpturen der Sammlung Schnütgen in Cöln, Berlin 1912.

Wolf 2002
Norbert Wolf: Deutsche Schnitzretabel des 14. Jahrhunderts, Berlin 2002.

Wolff-Wintrich 2004
Brigitte Wolff-Wintrich: Licht und Farbe. Glasmalereien Hermann Gottfrieds in Kölner Kirchen, in: Kat. Linnich 2004, S. 49–61.

Wolff-Wintrich 2015
Brigitte Wolff-Wintrich: Unvollendet – Die Fenster von Hermann Gottfried in Groß St. Martin Köln, in: Meisterwerke der Glasmalerei des 20. Jahrhunderts im Rheinland, Bd. 1, hg. von Iris Nestler, Mönchengladbach 2015, S. 174–179.

Wolff-Wintrich 2017
Brigitte Wolff-Wintrich: Farbfenster im Xantener Dom St. Viktor, in: Meisterwerke der Glasmalerei des 20. Jahrhunderts in den Rheinlanden, Bd. 2, hg. von Iris Nestler, Mönchengladbach 2017, S. 148–157.

Wrede 1956/58
Adam Wrede: Neuer kölnischer Sprachschatz, 3 Bde., Köln 1956/58.

Zerl/Meures-Balke/Kalis 2020
Tanja Zerl/Jutta Meures-Balke/Arie J. Kalis: Nach den Römern ... eine verlassene Stadt verbuscht, in: Archäologie im Rheinland (2020), S. 160–162.

Zotz 1984
Thomas Zotz: Städtisches Rittertum und Bürgertum in Köln, in: Institutionen, Kultur und Gesellschaft im Mittelalter. Festschrift für Josef Fleckenstein zu seinem 65. Geburtstag, hg. von Lutz Fenske/Werner Rösener/Thomas Zotz, Sigmaringen 1984, S. 609–638.

Abkürzungen

AHVN
Annalen des historischen Vereins für den Niederrhein

ANRW
Aufstieg und Niedergang der Römischen Welt. Geschichte und Kultur Roms im Spiegel der neueren Forschung

FVRKK
Förderverein Romanische Kirchen Köln e. V.

GiK
Geschichte in Köln

HAStK
Historisches Archiv der Stadt Köln

JKGV
Jahrbuch des Kölnischen Geschichtsvereins

KSM
Kölnisches Stadtmuseum, Köln

KölnJb
Kölner Jahrbuch

LVR-ADR
Landschaftsverband Rheinland – Amt für Denkmalpflege im Rheinland, Pulheim-Brauweiler

RBA
Rheinisches Bildarchiv Köln

RhVjBll
Rheinische Vierteljahrsblätter

WRJb
Wallraf-Richartz-Jahrbuch

MEISTERWERKE AUS LICHT UND GLAS

Die um das Jahr 1230 entstandenen Glasmalereien von St. Kunibert gehören zu den ältesten erhaltenen überhaupt und zum bedeutendsten mittelalterlichen Glasbestand Europas.

Im zentralen Fenster des Chores ist die Wurzel Jesse dargestellt, der biblische Stammbaum Jesu als Lebensbaum.

Seitlich sind die Lebenswege der beiden Kirchenpatrone zu sehen, die Hll. Clemens (links) und Kunibert (rechts).

Fünf kleinere Fenster zeigen die Hll. Cordula und Ursula im Chor sowie die Hll. Cäcilia, Katharina und Johannes der Täufer in den Querhäusern.

Die Fenster von St. Kunibert entstanden in einer Kölner Werkstatt. Wahrscheinlich wurden sie zur Weihe der östlichen Teile der Kirche im Jahr 1227 eingesetzt und schmücken seitdem den großartigen Kirchenraum von St. Kunibert.

DER ZAHN DER ZEIT …

Nach dem Zweiten Weltkrieg wurden die gefährdeten Scheiben „doubliert": Risse und Sprünge wurden mit Kunstharz großflächig geklebt. Anschließend wurden sie mithilfe von Acrylfolie wie in ein „Sandwich" zwischen zwei dünne Scheiben gebettet. Dieses Verfahren entwickelte der Chemiker Richard Jacobi in den 1930er-Jahren in München.

Es bewährte sich über Jahrzehnte, stellt uns aber heute vor große Probleme – die Klebemittel werden spröde und braun, zudem ist ungewiss, wie lange die Acrylfolie zwischen den Gläsern noch stabil sein wird.

2006 startete daher eine umfangreiche Restaurierung der Scheiben, beginnend mit den kleineren Fenstern im Chor und den Querhäusern. Seit 2019 wird das Kunibertfenster bearbeitet, anschließend folgen voraussichtlich bis 2028 das Wurzel-Jesse- und das Clemensfenster.

Die Arbeiten werden von den Restauratorinnen Gerlinde Möhrle und Sandra Williger aus Köln-Poll in Kooperation mit der Glaswerkstatt des Kölner Doms ausgeführt, eine Fachkommission begleitet die Maßnahmen.

Die Restauratorin Gerlinde Möhrle zeichnet das Bleinetz vor dem Entbleien und Entdoublieren.

Die Gläser werden in einem Lösemittelbad entdoubliert.

Nach der Entdoublierung werden die Glaskanten gereingt, damit sie sauber verklebt werden können.

DIE EINZELNEN SCHRITTE DER RESTAURIERUNG

Am Beispiel des Cordula-Fensters:

Vorzustand mit verbräunten Klebungen

Zwischenzustand nach der Entdoublierung und Reinigung

Nachzustand

HELFEN SIE MIT IHRER SPENDE!

Die Chorfenster von St. Kunibert brauchen Ihre Hilfe. Spenden Sie für den Erhalt dieser großartigen Meisterwerke aus Licht und Glas! **HERZLICHEN DANK!**

Förderverein Romanische Kirchen Köln e.V.
Stichwort „Fenster St. Kunibert"
Bank Sparkasse KölnBonn
IBAN DE97 3705 0198 0012 1222 14

Einfach und direkt zur Spendenseite

Folgende Seiten: Aussendung der Apostel, Ludwig Gies, 1955/56.
Köln, St. Aposteln, Pastor-Könn-Aula (Foto: Christoph Kraneburg, Köln)

Colonia Romanica
XXXVI

Freunde und Förderer

Wir danken unseren Freunden und Förderern.

Anschrift:

Förderverein Romanische Kirchen Köln e.V.
Haus Neuerburg, Raum 107
Gülichplatz 1–3
50667 Köln

Bankverbindungen:

Sparkasse KölnBonn
IBAN: DE97 3705 0198 0012 1222 14, BIC: COLSDE33

Kreissparkasse Köln
IBAN: DE87 3705 0299 0000 1566 66, BIC: COKSDE33

Volksbank Köln Bonn eG
IBAN: DE39 3806 0186 6300 4110 19, BIC: GENODED1BRS

Wir schaffen
und erhalten
Kultur...
• Steinmetz- und Bildhauerarbeiten
• Steinrestaurierung und -konservierung
• Laserreinigung
• Dokumentation
Alles aus einer Hand
www.schwierenstein.de
Schwieren
Steinmetzwerkstätten

Jahrbuch des Fördervereins Romanische Kirchen e. V.
Bisher bei J. P. Bachem erschienen:

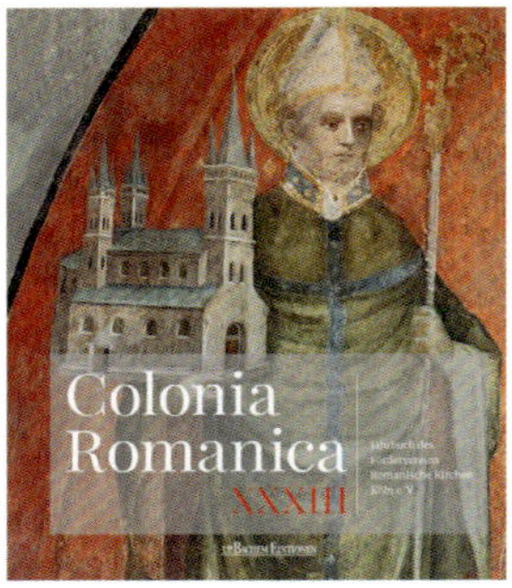

St. Severin – Ein Blick hinter die Kulissen
Colonia Romanica
Band XXXIII

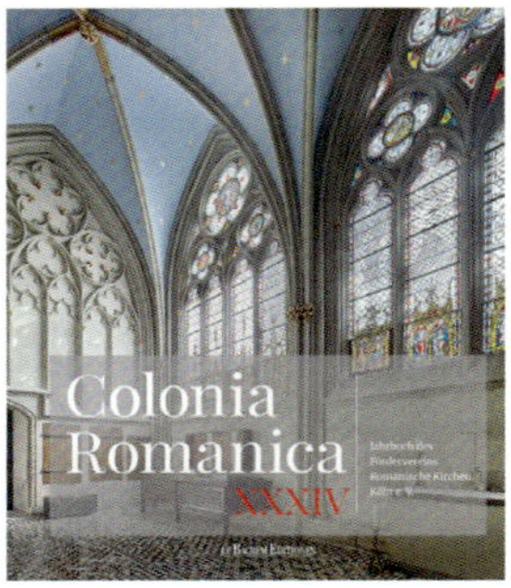

St. Gereon – Das Dekagon im Fokus
Colonia Romanica
Band XXXIV

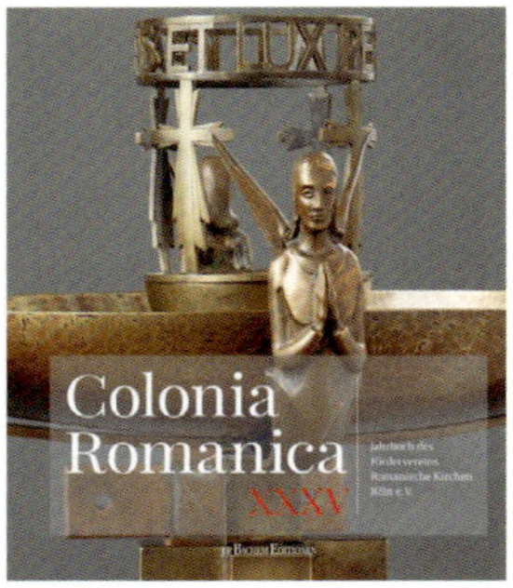

Aufbruch in die Moderne
Colonia Romanica
Band XXXV

Herausgeber: Förderverein Romanische Kirchen Köln e. V.,
Haus Neuerburg, Gülichplatz 1–3, 50667 Köln
Vorsitzender: Helmut Haumann

Umschlagabbildung: Köln, St. Aposteln. Ansicht von Nordosten
(Foto: Christoph Kraneburg, Köln)

Bibliografische Information der Deutschen Nationalbibliothek:
Die Deutsche Nationalbibliothek verzeichnet diese Publikation in der Deutschen Nationalbibliografie; detaillierte bibliografische Daten sind im Internet über **http://portal.dnb.de** abrufbar.

1. Auflage 2022

Redaktion: Klaus Gereon Beuckers, Birgit Lambert, Joachim Oepen,
Gabriele Oepen-Domschky, Anna Pawlik, Adam Stead
Lektorat: Brigitte Lotz
Umschlaggestaltung und Layout: Rüdiger Müller
Druck: Grafisches Centrum Cuno, Calbe

ISBN 978-3-7616-3451-6

Aktuelle Programminformationen finden Sie unter
www.bachem.de

FSC
www.fsc.org
MIX
Papier aus verantwortungsvollen Quellen
FSC® C043106